排污许可证制度实践与改革探索

卢瑛莹　冯晓飞　陈　佳　著

中国环境出版社·北京

图书在版编目（CIP）数据

排污许可证制度实践与改革探索/卢瑛莹，冯晓飞，陈佳
著. —北京：中国环境出版社，2016.12
ISBN 978-7-5111-2958-1

Ⅰ. ①排… Ⅱ. ①卢… ②冯… ③陈… Ⅲ. ①排
污许可证—许可证制度—研究—中国 Ⅳ. ①X-652

中国版本图书馆 CIP 数据核字（2016）第 296364 号

出 版 人	王新程
责任编辑	刘 焱
责任校对	尹 芳
封面设计	彭 杉

出版发行 中国环境出版社
　　　　　（100062　北京市东城区广渠门内大街 16 号）
　　　　　网　　　址：http://www.cesp.com.cn
　　　　　电子邮箱：bjgl@cesp.com.cn
　　　　　联系电话：010-67112765（编辑管理部）
　　　　　发行热线：010-67125803，010-67113405（传真）
印　　刷　北京中科印刷有限公司
经　　销　各地新华书店
版　　次　2016 年 12 月第 1 版
印　　次　2016 年 12 月第 1 次印刷
开　　本　787×960　1/16
印　　张　15
字　　数　260 千字
定　　价　45.00 元

前　言

　　排污许可证制度是国际通行的一项环境管理基本制度,作为污染控制法的"支柱",其在美国、欧盟等发达国家都已有了十分良好的实践。我国于 20 世纪 80 年代开始探索排污许可证制度,迄今已走过近30年的历史,但由于法律保障支撑不足、制度设计定位不清、后续监管能力不到位、环境管理技术不配套等原因,至今仍未形成完善、有效的执行体系,依然处于"推而不广"的尴尬境地。

　　当前,在经济发展、社会觉醒和环保工作推进的共同作用下,我国环境保护事业迎来一个深刻变革和转型的新时期。国家绿色转型政治意愿强烈,全社会环境诉求高涨,但环境问题日趋复杂,环境质量整体状况依然令人堪忧,资源环境承载力处在高压状态。在此形势下,如何有效管控排污行为显得尤为重要,排污许可证制度也再次被社会各界所关注。2013 年 11 月,党的十八届三中全会通过的《中共中央关于全面深化改革若干重大问题的决定》,提出将"完善污染物排放许可制,实行企事业单位污染物排放总量控制制度"作为改革生态环境保护管理体制的重要内容。2014 年 4 月,新修订的《环境保护法》规定,"国家依照法律规定实行排污许可管理制度,实行排污许可管理的企业事业单位和其他生产经营者应当按照排污许可证的要求排放污染物;未取得排污许可证的,不得排放污染物。"从环境保护基础法的层面明确了排污许可证的法律地位。2015 年 9 月,中共中央、国务院印发了《生态文明体制改革总体方案》,提出"尽快在全国范围建立统一公平、覆盖所有固定污染源的企业排放许可制,依法核发排污许可证,排污者必须持证排污,禁止无证排污或不按许可证规定排污。"可见,新一轮的政治和法律诉求为排污许可证制度发展提供了良好机遇。

　　浙江省在环境管理制度创新方面一直走在全国前列,近年来更是进行了多方探索,如大力开展排污权有偿使用和交易,积极推广污染源在线监测、刷卡排污等设施,全面实施移动执法,筹建总量控制、量化管理、排污许可证、排污权交易、刷卡排污等"五合一"综合信息管理平台等。在排污许可证制度探索方面,浙江省也是全国实施范围较广、力度较大的省份之一,在实践中积累了很多经验,同时也认识到目前该项制度建设中的诸多不足,本应作为核心制度贯穿污染防治全过程的排污许可证制度,在实际操作中并未能真正落到实处,还普遍存在实施程度低,缺乏确定性、稳定性和连续性等问题,与现有其他环境管理制度之间也缺乏有效衔接,直接影响环境行政管理的效能。2013年底,浙江省环境保护厅审时度势,将排污许可证改革列为2014年度浙江省环保厅重大改革事项,并委托本课题组开展"一证式"排污许可证制度研究,提出改革方案。为使理论研究与地方实践充分结合,经环境保护部复函同意,浙江选取了绍兴市、舟山市、台州市、桐庐县、长兴县、海宁市、义乌市、椒江区等八个地区于2015年初在全国率先开展了"一证式"排污许可证制度改革试点。

本书是浙江省排污许可证制度改革研究项目的成果,在系统分析排污许可证制度理论基础、国内外研究和实践进展的基础上,结合我国环境保护形势、管理基础和需求,提出"一证式"排污许可证制度改革路径,系统阐述了"一证式"排污许可证制度建设的总体思路、要素设计、实施机制、关键技术等内容,从管理对象、管理阶段、管理内容上全面改革排污许可证制度,全面构建以排污许可证制度为核心的污染源管理体系,以排污许可证管理推进污染源有效管控,实现污染源"一证式"管理新模式。同时,本书还对浙江省八个地区的试点实践情况进行了阶段性评估,并提出浙江省排污许可证制度的立法建议。

在本项目研究和书稿撰写过程中,自始至终得到了浙江省环境保护厅领导、各处室同志和其他直属单位的大力支持,同时也得到环境保护部环境规划院有关专家的悉心指导,以及浙江首批八个试点地区相关人员的通力协助,在此深表感谢。

项目研究期间,国家层面也在紧锣密鼓地推进排污许可证制度改革,本书完稿之后,环境保护部在火电、造纸、化工等行业开展了排污许可证制度改革试点。希望本书能够为广大环境管理研究的同行提供些许启发,更希望本书能够为我国及其他省市推进排污许可证制度建设提供参考。同时,由于工作时间紧迫,研究人员经验和水平有限,课题设想和研究思路难以全面完成,有待在将来继续完善;书中错误和疏漏之处也在所难免,敬请专家、学者和有关部门同志批评指正!

目 录

第 *1* 章

排污许可证制度概论

排污许可证制度自 20 世纪 60 年代提出以来，就受到世界各国尤其是发达国家的普遍重视，并逐步发展成为国家为加强环境管理而采用的一种卓有成效的规范化管理制度。本章首先探讨了排污许可证制度的基础理论，进而阐述了排污许可、排污许可证制度等几个核心概念，使读者形成对排污许可证制度的基本认识，最后介绍了目前国内外关于排污许可证制度的研究进展情况。

1.1 排污许可基础理论

环境是一种稀缺、有价的公有资源，"排污"行为对环境资源进行了一定程度的侵占，需对此加以限制和约束，进行统一有效的管理，即"许可"，从而达到保护环境资源的目的，促进经济社会的可持续发展。排污许可的基础理论，涉及环境公共资源理论、环境公共信托理论、环境外部性理论、信息不对称理论等。

1.1.1 环境公共资源理论

首先，环境是一种资源。自然环境为人类生活生产提供原材料，包括可再生的和不可再生的资源，如土地、水、森林、矿产等都是经济发展的物质基础；也为人类及其他生命体提供生存场所，是人类赖以生存和繁衍的栖息地；自然环境并对人类排放的污染物进行稀释与分解，使环境得到净化；此外，环境还提供景观服务，优美的大自然有着令人心旷神怡的巍峨高山和宽广江河，是人类旅游休闲的胜地，是人类精神生活和社会福利的物质基础[1]。因此，人类社会的生存和发展都离不开环境，环境是一种宝贵的资源。

其次，环境资源是有价资源。环境能够提供满足人类生存、发展和享受所需要的物质性商品和舒适性服务。社会经济系统的发展要从自然环境系统中获取作为原材料的自然资源产品，同时又要将生产和生活废弃物返回到自然环境系统中。这说明，社会经济系统产生和消费的产品的价值来自于自然环境，因此自然环境是有价值的[2]。工业革命以来，人类对自然资源的开发利用呈爆发式增长，随之而来的大量废弃物排放也严重威胁着生态系统，超出了其自净能力，引发了各类环境问题。人们开始正视环境恶化问题，意识到环境是一种稀缺资源，环境对人类而言是有价值的，而且随着人类社会的发展进步，其价值也将越来越大。当前，环境保护已成为全世界广泛关注的议题之一。

最后，环境资源是一种公共资源。一般来说，我们可以通过两个特性对是否属于公共物品进行判断，即物品是否具有排他性和竞争性。排他性是指可以排斥或阻止一个人对物品的使用；竞争性是指一个人使用某种物品，就会减少其他人对这种物品的使用[3]。通常，人们所消费的私人物品就既具有排他性又具有竞争性：物品一旦被某人消费，其他人就不能再消费它，而且留给其他人可消费的物品总量也减少了。当某个物品只有竞争性而没有排他性时，它就成了公共资源。环境资源就是一种公共资源：我们无法阻止某个排污者向环境排污，而区域用以容纳污染物的环境容量又是有限的，一个排污者排放污染物会减少其他排污者的可排污空间。而公共资源往往容易产生"公地悲剧"。

公地悲剧描述了一个假设性的案例：一个小镇有一块长满青草的公有地，镇上的很多家庭在上面牧羊。随着时间流逝，大家放养的羊越来越多，土地逐渐失去自我养护的能力。终于有一天，羊的数目超过了土地的承载极限，公有地变得寸草不生。失去草地的羊群变得无法生存，一度繁荣的牧羊业最终只能从小镇上消失。公地悲剧的产生原因是牧羊的个人激励和社会激励不同。对于牧羊人来说，每放养一头羊意味着获取一笔可观的收入，这头羊固然会损耗公有地资源，但这种损失是由所有牧羊人分摊的。因此，尽管对于整个社会来说，增加放牧的成本可能是巨大的，但每个利己的牧羊人在作出个人决策时，仍然会选择增加羊群数目，最终导致资源的过度使用。公地悲剧实际上也是外部性的一种作用结果。牧羊活动产生的土地损耗对其他人产生了不利影响，但牧羊人无须为此作出补偿。因此，牧羊人在决定自己的牧羊规模时，不会考虑到这种负外部性，结果使羊的数目过多。公地悲剧可以得出一个一般性结论，即公共资源的竞争性和非排他性决定了资源使用时具有负外部性，而由于这种负外部性，公共资源往往被过度使用。据此，我们也可以提出公地悲剧的解决办法：直接管制每个人的资源使用量；或者对资源使用进行征税，从而把外部性内部化；也可以直接明确资源产权，把公共资源转变为私人物品。

1.1.2 环境公共信托理论

公共信托理论起源于罗马法，在《查士丁尼法学总论》中关于共同物和公有物的规定是公共信托理论的最早表述，即"根据自然法，空气、水、海洋及海岸为全人类共有，为了公共利益和公众利用之目的而通过信托的方式由国王或政府持有。任何人包括国王在内，都无权对共同物和公用物进行排他性占有，侵害社会公众的公共使用权。"可见，当时的公共信托主要强调的是保障社会共同体成员对空气、水、海洋等特定环境资源的公共使用和自由利用的权益。随着罗马法在欧洲的传播，这一理念在英国得到逐渐发展，并在英国普通法中得到充分体现，用于限制当时国王对公共环境资源的特权。美国吸收了英国普通法中关于公共信托的思想，并随着社会发展尤其是环境保护领域的需求，对公共信托进行完善。20 世纪 70 年代，美国萨克斯教授对公共信托理论进行了新的阐述，最早将其引入环境保护领域。1970 年，萨克斯教授在《密歇根法律评论》上发表了题为"自然资源法中的公共信托理论：有效的司法干预"的文章，被称为新公共信托理论或环境公共信托理论。萨克斯教授认为："阳光、水、野生动植物等环境要素是全体公民的共有财产；公民为了管理他们的共有财产，而将其委托给政府，政府与公民从而建立起信托关系"。他同时明确了管理公共信托财产的三个主要原则：①公共信托财产不仅必须用于公共目的，而且必须可以被普通公众随时使用；②即使存在一个不错的价格，公共信托财产也未必可以被转卖；③公共信托财产必须用于实现某些特定的用途，包括该财产资源的传统用途或者至少是与传统用途密切相关的利用方式[4]。此后，在环境保护运动的推动下，人们开始广为接受和采纳公共信托理论，公共信托原则被写入美国许多州的宪法和环境法中，并在实践中得到充分适用[5]。

由于存在外部性和隶属于公共资源的特点，环境资源的使用需要外来的管制。环境公共信托就是将具有社会公共财产性质的环境资源的生态价值和精神愉悦价值等非经济价值作为信托财产，以全体公民为委托人和受益人，以政府为受托人，以保护环境公共利益为目的而设立的一种公益信托[6]。公共信托理论认为，政府可以而且应当接受公众的委托，对环境进行有效管理，政府机关对公众负责；同时，公众可以通过行政或司法等程序对政府的管理行为进行监督。

1.1.3　环境外部性理论

外部性被常常用于解释环境问题的来源。当一个人所采取的行动，在客观上对外部产生了一定的影响，使他人或者社会受益或受损，而本人对这种影响既不支付报酬又得不到报酬时，其所采取的行动就产生了外部性。外部性包括正外部性和负外部性，如采取的行动使他人或者社会得到益处，那就是正外部性，或者称之为外部经济性；相反，如采取的行动使他人或者社会受到损失，则为负外部性，也称为外部不经济性[7]。环境污染具有典型的负外部性特征，即排污者的污染排放行为对社会造成了不利影响，使得他人必须忍受污染物带来的损害，但却不用对此支付报酬或进行补偿。

从经济学角度看，市场在许多情况下是一种良好的资源配置手段，通过"看不见的手"将市场上利己的买者和卖者形成供需平衡，使社会从市场上得到的总利益最大化。然而，买者和卖者在参与经济活动时会忽视外部效应，因此在有外部性的情况下，市场的供需平衡并不能使社会利益最大化，形成"市场失灵"。利己的企业不会考虑生产过程所引起的全部污染成本，而利己的消费者也不会考虑由于自身的消费决策所引起的全部污染成本。所以，除非有外来的规制，否则企业必然倾向于大量排放污染物。由于外部性的存在，环境污染无法依靠市场手段来自发解决。因此，有必要对负外部性进行干预，使得外部不经济性内部化，即排污者或消费者给他人或社会带来损失时，由社会采取各种校正或补救措施，使得损失费用由排污者或消费者自身来承担。

对于环境问题的外部性，对排污者征收排污税（排污费）是一种常见的外部性内部化手段。然而，征收排污税也有一个明显的缺点：排污者对排污有需求，而这种需求是根据税收价格变化的，即存在着一个"排污量—税收价格"的变化曲线。要将总的排污量控制在一定范围以内，我们首先必须了解清楚这条曲线，以便制定合理的税率。但对于决策者来说，这条曲线的信息是模糊甚至未知的，所以制定一个有效的排污税实际上是相当困难的。为此，美国学者科斯提出了另一种消除外部性的理论，即明确产权[8]。科斯认为，市场失灵是由产权界定不明确导致的，只要明确界定所有权，市场就可以发挥作用，通过相互交易使资源配置达到最优。具体对环境问题而言，也就是要明确各个排污者的排污权利，并允许排污权进行市场交易，使环境资源得到最有效的利用，即环境产权理论。环境产权理论对实施环境行政许可有内在需求。首先，排污权需要以许可作为实施载体，政府准予许可的过程就是承认排污者具有相应排污权的过程。相反，排污者未获得相应的许可，就应视为不具有排污权。其次，排污者对排污权的使用，需要依靠许可的日常监督管理来约束。排污者实际排放多少污染物、排放量是否在其拥有的排污权限定范围内，都要在许可的事中事后监管中明确。综合来看，环境行政许可是明确环境资源产权必需的工具和手段。

1.1.4　信息不对称理论

在经济学中，我们往往会假设完全竞争的市场，市场中的信息是对称和充分的，生产者和消费者都拥有所有与产品相关的信息。然而，现实中这样的情况非常少见，交易的一方一般会比另一方拥有更多的相关信息，双方分别处于信息的优势和劣势地位，掌握信息更为充分的人员，往往也处于更为有利的位置，这种现象被称之为信息不对称。信息不对称的存在对市场力量的充分发挥形成了阻碍。

在环境规制领域，信息不对称现象也普遍存在。排污者对于自身企业的内部状况，包括成本、收益和污染物排放等信息，往往有比较清楚的认识，而政府对这些信息却知之甚少也难以获取。这种信息不对称会显著地影响环境监管效率，使政府无法确定最为合意的管理措施和手段，污染控制对全社会的最终效果也难以认定[9]。因此，信息不对称理论为完善环境行政许可提供了理论借鉴。鉴于排污者的信息优势地位，政府可以在许可中规定排污者的自我监管义务，即企业必须要向政府和社会公开自身的污染物排放信息，并自行检讨排污行为的合法合规；政府处于信息劣势地位，可以以许可作为平台和媒介，充分联合社会力量，开展广泛的公众参与和监督，降低获取信息的成本，提升环境监管的效率；通过健全许可制度，弥补和缩减政府与排污者之间的信息差距，实现更合理、有效的污染控制。

1.2　排污许可证制度基本概念

排污许可证制度从本质上来说，是基于环境行政许可的一项管理制度。因此，本节在阐述排污许可证制度基本概念的时候，将从行政许可出发，进而探讨环境行政许可、排污许可与排污许可证以及排污许可证制度等一系列基本概念。

1.2.1 行政许可

目前关于"行政许可"的内涵，学界尚有很多争议。我国《行政许可法》对"行政许可"给出的定义是："行政机关根据公民、法人或者其他组织的申请，经依法审查，准予其从事特定活动的行为"。该定义实际上描述了行政许可形成的基本过程。从这个定义来看，行政许可具有以下特征：行政许可是依法申请的行政行为，行政相对方针对特定的事项向行政主体提出申请，是行政主体实施行政许可行为的前提条件；行政许可是行政主体赋予行政相对方某种法律资格或法律权利的具体行政行为；行政许可是行政机关针对行政相对方的一种管理行为，是行政机关依法管理经济和社会事务的一种外部行为，行政许可必须遵循一定的法定形式，即应当是明示的书面许可，有正规的文书、印章等予以认可和证明，实践中最常见的行政许可的形式就是许可证和执照。

从本质上来说，行政许可可以看成是政府平衡个人自由和公众利益的一种手段[10, 11]。每个个体在享有个人自由的同时，不应当对他人或社会造成危害。为了应对可能会对他人或社会造成危害的行为，政府可以采用预防性管制，也可以采用追惩性管制[12]。预防性管制是对行为预设准入条件，排除不符合条件的人介入，防患于未然；追惩性管制是事后对行为人作出制裁，惩前以惩后。而行政许可就是实施预防性管制的基本方式。作为一种政府管制的手段，行政许可是现代政府管理社会和干预经济的普遍形式。值得注意的是，从一项管理制度的完整性来看，行政许可应当不仅仅是政府从预防性管制的角度出发，在事前准予或不准予申请人许可，还应当为了保持许可的有效性和严肃性，开展事中和事后的监督、检查、调整，确保申请人在许可的管制范围之内活动。所以，行政许可是一个包括"许可事项的立法、实施、许可后的事后监督以及对许可行为的司法控制等内容的有机整体"[13]。

1.2.2 环境行政许可

环境行政许可是行政许可在环境领域的运用与体现，是指环境行政许可是享有环境行政许可权的行政主体，根据环境行政管理相对人的申请依法赋予符合法定条件的相对人从事某种为环境法律法规一般禁止事项的权利和资格的一种行政执法行为。广义上来说，行政主体基于生态环境保护的目的而实施的行政许可都可认为是环境行政许可[14]。

　　环境行政许可是环境管理机关进行环境保护监督管理的重要手段，通过环境行政许可的应用，可以将对环境造成或可能造成危害的活动纳入国家的统一监管，进行严格控制，达到对此类活动的事前、事后及事中控制与监管的目的，即：通过对行为活动进行事前审查，可以将不符合环保要求的活动排除在外；通过在许可中明确被许可人的限制条件和特殊要求，并根据实际情况进行调整，行政机关可以对被许可人的活动进行有效的监督管理，从而强化事中控制和事后补救。鉴于环境行政许可的这些优点，世界各国都普遍采用环境行政许可来对应对环境问题，排污许可作为实施最广泛的环境行政许可，更有不少国家将其作为污染源管控的"支柱"。

1.2.3　排污许可与排污许可证

　　排污许可是环境行政许可的一种。环境是极有限的资源，环境对污染的承载能力也是有限的，如果没有任何约束地向环境排污，必将造成环境恶化、生态破坏、各种灾害性气候的发生，导致人类不能正常生活。所以，必须对污染物排放行为进行许可，以此实现污染物排放的总量控制，以此减少环境污染、改善环境质量。

　　排污许可在世界各国被广泛采用，具体实施形式因国而异。例如，美国的排污许可依照环境要素的不同，分为大气排污许可和水排污许可；欧盟则采用综合许可的形式，在一份许可中同时明确不同类型污染物的控制要求；其中英国进一步将各类环境相关的许可合而为一，将排污许可直接称为"环境许可"（environmental permit）。我国的排污许可没有国家层面的规范性文件，但不少省市都做过一些实践探索。

　　鉴于排污许可多种多样的实践形式，要对其下一个普遍适用的详细定义是困难的。但一般来讲，排污许可是以排污许可证为载体，对排污单位的排污权利进行约束的环境行政许可。与此相应的，所谓的排污许可证就是政府所颁发的、赋予排污单位排放污染物权利的凭证。在排污许可证中，可以具体明确排污单位的环境保护要求，包括排污单位的工艺技术要求、污染防治要求和日常管理要求等，作为各方监管的正式依据。

1.2.4　排污许可证制度

　　排污许可证制度是国际通行的一项环境管理基本制度，凡是需要向环境排放污染物的单位和个人，都必须事先向环境保护主管部门办理申领排污许可证手续，经批准获得排污许可证后方能向环境排放污染物。该制度是排污许可各种方面的总和，既包括排污许可的立法，也包括排污许可的实施，还包括排污许可证本身[15]。正如排污许可一样，排污许可证制度在世界各国也是相当多样化的，不过总体来看，还是存在着一些共有的基本特点：①它明确了排污许可的申请、核发、监管、救济等程序，保障制度实施的公正与合法；②它对排污者的权利和义务进行规定的同时，也对政府以及公众的相关权利义务关系进行了规定；③它既适用于环境污染的事前预防，也适用于污染的事中、事后监督管理[16]。

作为一项最为典型且效果明显的命令—控制型制度，许多国家将排污许可证制度作为污染源管控的主要手段。我国也于 20 世纪 80 年代开始探索实践排污许可证制度，并将其作为环境管理八项基本制度之一，各个省市陆续出台了一些排污许可证制度的地方规范性文件。尽管目前全国层面的有关法律专文一直未能出台，但近年来国家对排污许可证制度的重视程度不断增加。

1.3　排污许可证制度研究进展

排污许可证制度产生至今已有数十年历史，国内外学者对该项制度均开展了一系列的研究。本节将对排污许可证制度的研究进展进行简要梳理。

1.3.1　国外研究进展

排污许可证制度最早出现于 20 世纪 60 年代，一经产生，就受到世界各国尤其是发达国家的普遍重视。当前，在许可的基础理论之外，国外学者展开了各种各样的相关研究，内容涉及许可分配、许可交易（排污权交易）、综合许可等多个方面。

许可分配是开展排污许可管理的基础，也是开展许可交易的前提。传统上，各国政府都主张基于排污单位的历史排放情况（溯往原则）或行业绩效标准免费分配许可证。但免费分配的许可证已被证明复杂且低效，分配的公平性和合理性也都有所欠缺。因此，拍卖排放许可已经变得越来越流行，对排放许可的拍卖研究也成为近年的研究热点。Cramton 等（2002）主张在分配许可证时，拍卖应优先于溯往原则。因为拍卖可以减少税收扭曲，为分配成本提供更大的灵活性，激励创新，减少关于租金分配上的政治争议。Betz 等（2009）则以澳大利亚拍卖温室气体排放许可为研究对象，提出了对澳大利亚碳减排方案的拍卖设计建议。利用行为模式分析，Grimm 等（2013）比较了不同分配机制的影响，发现通过拍卖方式分配许可证会提升许可价格以及减排水平。Haita-Falah（2016）表征了拍卖中污染者和投机者的投标行为，考察了后者对前者的利润和对拍卖结果的影响，认为投机者的存在可以使污染者出价更接近排污许可的真实估值。

许可交易制度始终受到众多学者关注，尤其是在国际碳排放许可交易方面。大量研究主要集中在有关福利和效率分析的微观问题。Helm（2003）比较了不同国家内源性津贴对国际排放交易的影响，发现交易成本的减少并不一定会导致污染的减少。为了实现社会的最优减排，Gersbach 等（2011）提出将全球的排放许可证拍卖收益纳入全球基金，并返还各成员国固定比例，比起标准的国际许可交易市场行为，认为此举更能使所有国家收紧许可证的发放。Antoniou 等（2014）也发现许可交易可以使福利提升，但同时也提出如果政府采取排放补贴，这一政策方案的优势将会消失。Razmi（2016）通过构建短期政策分析框架，发现在一个封闭的经济体中（许可不可进行国际交易），财政政策和排污许可证发放都可以作为短期的稳定工具，但对于一个开放的经济体，超过国际协议地发放排污许可证是一个损邻政策，由此提出宏观经济全球监测的重要性。

一些文献研究了各类不同交易制度间的联动。Stavins R 等（2009）研究各种交易联动的相关利益，分析联动可能在未来的国际气候政策架构中起到的短期和长期的作用。Jaffe 等（2009）认为许可交易制度的联动可以促进参与和成本效益的短期目标，同时有助于各国达成更全面的应对全球气候变化协议。当然，排放交易计划之间的联动不是一成不变的。Pizer 等（2015）提出一旦排放交易计划之间的联动终止，甚至只是关于停止联动的猜测，都可能导致较高的成本和价格的发散。因此如何应对政策脱钩带来的市场行为，成为了新的考验。

环境许可是一个复杂的过程，会对公司和企业施加显著的成本。为了简化这个过程，许多国家和政府都提供许可证援助计划。以美国为例，美国涉及污染物排放的许可证是依据单项立法分别制定的，实行单项许可证制度，因此大气排放许可证、水排放许可证是分别发放的，并且依据不同的法律，许可证的要求也不同，如何提高许可效率就成为了研究关注点。Rabe（1995）认为应当对单项许可证制度进行整合创新，通过建立一个综合性的许可证制度来提升行政效率、减少污染排放。Robinson（1999）则针对美国各州和地方政府提供的"一站式许可"（one-stop permitting，即为了精简许可过程，允许企业在一个行政办公点完成各项不同的许可活动）进行了效果评估，提出了政策的不足之处。而在欧盟，由于各成员国都要基于欧盟的《综合污染预防与控制指令》（IPPC）来建立或完善本国的许可证制度，因此综合环境许可也是一个热点问题。Silvo 等（2002）在指令影响下的芬兰如何建立一个综合性的许可体系进行了探讨。Honkasalo 等（2003）关注乳制品行业的环境许可，对 IPPC 在欧洲五国的更好执行提出了一些改进的建议，且其在随后的研究中，对英国、芬兰、瑞典因指令融合而带来国内乳制品业生态效率的提升进行了分析，认为英国受到的影响最为显著。Tolsma（2014）对环境许可发放的集成过程的概念进行了简要的概述，同时以荷兰综合许可为例，研究环境许可系统的改善。Kralikova 等（2015）以斯洛伐克为例，研究综合环境许可在该国的发展进程，展示了从各环境部门到工业活动的转变。

此外，一些学者对于许可制度中的环境公正问题（Lazarus 和 Tai，1999），以及公众参与问题（Kirk 和 Blackstock，2011）也都进行了研究。总体上，国外的研究注重对许可的具体实施方式和相关影响的探讨，对于许可的基本定位则鲜有涉及，这很可能是因为作为一项实施多年的基础性管理制度，制度定位已得到普遍认可，缺少再行研究的意义。

1.3.2 国内研究进展

中国于 20 世纪 80 年代引入排污许可证制度，有关专家和学者开始在不同领域以不同视角分析和建议如何完善这一制度。最初研究的重点多为国外经验的介绍和排污权交易制度。易先良（1987）对西方的排污许可证制度进行了较为系统的阐述，并在立法和实践上提出了相关建议。此后，有学者开始独立探讨国内排污许可证制度的发展方向。如夏青（1991）从设计理论、功能区划分、资源分配等角度对国内许可证制度实施进行了研究。然而，这一阶段主要把排污许可证定位为总量控制的附属制度。吴报中等（1995）认为中国实施排污许可证制度有利于环境与经济的协调发展，有利于推行清洁生产政策，有利于深化和带动相关的环境管理制度，是实行区域总量控制和改善环境质量的有效措施。

进入 21 世纪以后，排污许可证制度相关的研究文献进一步涌现。内容涵盖对国外经验介绍、中外许可证制度对比、许可证制度基础理论、排污权交易理论以及许可证制度执行过程中的经验总结。此外，排污许可证制度的定位问题也逐渐受到关注。

国外经验的介绍方面，环境保护部大气污染防治欧洲考察团（2013）对欧盟的排污许可证制度进行了阐述。王志芳等（2013）在充分借鉴瑞典排污许可证制度的基础上，建议我国进行全过程许可管理的试点研究，完善排污许可证配套制度，推动公众广泛参与，与相关技术政策挂钩，探索环境司法建设等。宋国君等（2014）认为美国水排污许可证制度在水污染物排放标准体系、设计污染源监测方案、排污信息公开、监测数据处理等方面相当成熟和合理，对于我国点源监管具有重要的借鉴意义。另外，林艳宇（2004）、宋国君和钱文涛（2013）、黄文飞等（2014）等都对美国的排污许可证制度进行了介绍。

在学习国外经验的基础上，不少学者对中外的排污许可证制度进行了对比。陈冬（2005）通过对中美两国水污染物排放许可证制度的法律地位、规范对象、制度基础、许可证种类与内容、实施与保障机制等方面的比较研究，提出了完善我国水污染物排放许可证制度的建议。张建宇等（2007）通过比较中美水污染防治体系，提出美国在法制的完备、执行的力度以及实施手段方面都有值得我国借鉴的看法。马宁等（2010）创新性地运用诺斯对制度的定义，在正式规则、非正式规则以及执行机制三个方面，全面分析中美排污许可证交易制度的差别，发现在每个方面我国均存在一定程度上的制度缺失，且规则的设计需要执行机制的配合，只有三者有效协调，我国排污许可证交易制度才能逐渐适应市场化的需要。

许可证制度基础理论方面，朱法华等（2005）通过对环境质量反演法、历史数据法、排放绩效法和拍卖法等排污指标分配方法优缺点和适用条件的研究，得出基于排放绩效的分配方法较为适用于电力行业，并在江苏省电力行业中进行了实践。李蕾（2009）认为实施排污许可证制度将有利于推动实现"三个过渡"（从粗放式管理过渡到精细化管理，从突击性管理过渡到长效性管理，从静态性管理过渡到动态性管理），成为对排污者进行综合、系统、动态、长效的统一监督管理的有效环境管理制度。徐亚男（2010）对排污许可证制度在总量控制工作中的作用进行了探讨，认为排污许可证制度与污染物总量控制制度是相辅相成、互相促进的。马利艳（2012）探讨了水污染物排放许可证制度，提出了完善我国水污染物排放许可证制度的可行性建议。

排污权交易方面，宋国君（2004）著的《排污权交易》探讨了在城市一级创建排污权交易体系的可行性，对建立中国二氧化硫排污权交易市场的战略步骤进行了讨论。杨展里（2001）不仅从宏观上证明了中国实施排污权交易的可行性，还以水污染物排污权为基础，研究了排污权交易市场的设立、交易的技术规则以及交易市场的运行，确定了水污染物排放交易的技术方法。此外，中国很多学者，例如雷玉桃（2006）、黄桐城等（2007）、刘朝等（2009）、吕连宏等（2009）、金帅等（2011）、张梓太等（2011），对排污权交易相关的模式构建、定价机理、政策建议及具体地区实施排污权交易制度的经验等进行了探索性的研究。需要指出的是，由于国内常常将排污权与许可证分开讨论，在一定程度上造成了两者关系的弱化。

　　排污许可证制度执行过程中的经验总结也是一些学者的关注点。张明旭等（2003）认为上海市实行的排污许可证制度只是排污许可"执照"体制，其经济内涵、产权、初始分配方式、基价体系等方面都有待改革和完善。夏光等（2005）对上海、江苏、广东、吉林、重庆、云南六省市进行了排污许可证实施情况调查研究，梳理了排污许可证制度实施进展。段菁春等（2012）以广州、石家庄、兰州、哈尔滨和大同等五城市为研究对象，分析了排污许可证制度实施20年来在工业企业领域的效果。苏丹等（2014）比较分析了我国31个省级行政地区排污许可证制度实施现状，发现我国排污许可证制度起步较晚，且主要与总量控制制度搭配使用，总体而言排污许可证制度实施程度低、缺乏确定性、稳定性、持续性和权威性。

　　排污许可证制度的定位是实施和开展许可管理的基础。由于排污许可证制度在我国的定位尚不明晰，因此很多文献中都会涉及到许可的定位问题。在各类相关研究中，一般都包含了对许可证制度目标和定位的思考。随着认识的不断深入，学界对排污许可证的定位也逐渐发生了变化。陆上岭（2002）提出要将排污许可证制度彻底摆脱总量控制制度的附属地位，面向所有的排污单位"一证"对外。李挚萍（2007）认为环境污染管制应该以排污许可证制度为核心进行构建，排污许可证制度需要从制度设计到实施机制各方面的完善。罗吉（2008）也提出，要将不同制度的管理要求集中通过排污许可证"一证"管理，体现全过程管理和长效管理。宋国君等（2012）从点源控制的基本目标出发，按照命令控制型政策的特点和要求，指出排污许可证制度是点源排放控制的最基本、最核心的手段，同时也是其他政策手段的"载体"。刘炳江（2014）提出把排污许可制度设计成为企业污染控制管理体系的中心环节，为各个环节的管理提供依据和支撑。赵若楠等（2014）提出排污许可证制度应该整合目前我国的环境管理制度，解决其他环境管理制度存在的不足。韩冬梅等（2014）提出应以排污许可证制度为基础，整合点源排放相关政策，提高相关政策间的协调，减少冲突，提高政策效率。孙佑海（2014）从法律的角度上提出应制定排污许可证条例，将排污许可制度从总量控制的框架内独立出来，作为一项对排污行为进行全面控制和管理的制度，并以排污许可证制度作为污染管理的中心环节。

可以看到，近年来随着排污许可证制度受到的关注越来越多，不断有学者直接或者间接地开始提出，有必要学习国外经验，将排污许可证制度作为污染源管理的核心，并以此为出发点开展许可监管，实现以排污许可证"一证"规范排污行为。总结来看，"一证式"管理思维的雏形已经在学界形成。然而，已有的"一证式"管理研究仍以原则性表述为主，其概念还未成体系，提法还较为零散，"一证式"管理的脉络尚不清晰，对"一证式"管理的排污许可证制度内容框架规范、全面、系统研究未见报道，也鲜有从外部性角度对该制度的管理体制进行研究，"一证式"排污许可证管理制度尚未成熟化和可操作化，其内涵和实施框架都仍有待全面和系统地完善。

参考文献

[1] 张象枢，魏国印，李克国. 环境经济学（第 4 版）[M]. 北京：中国环境科学出版社，1998.

[2] 王远. 环境管理[M]. 南京：南京大学出版社，2009.

[3] 曼昆. 经济学原理（第 6 版）：微观经济学分册[M]. 北京：北京大学出版社，2012.

[4] Sax J L. The Public Trust Doctrine in Natural Resource Law: Effective Judicial Intervention [J]. Michigan Law Review，1970，68（3）：471-566.

[5] 侯宇. 美国公共信托理论的形成与发展[J]. 中外法学，2009，21（4）：618-630.

[6] 张颖. 美国环境公共信托理论及环境公益保护机制对我国的启示[J]. 政治与法律，2011，21（6）：112-119.

[7] 高树婷，龙凤，杨琦佳. 水污染物排污收费政策评估与改革研究[M]. 北京：中国环境出版社，2013.

[8] Coase R H. The Problem of Social Cost [J]. Journal of Law and Economics，1960（3）：1-44.

[9] 曾贤刚，程磊磊. 不对称信息条件下环境监管的博弈分析[J]. 经济理论与经济管理，2009（8）：56-59.

[10] 孟毅敏. 我国现行行政许可制度研究[D]. 上海：复旦大学，2006.

[11] 陈端洪. 行政许可与个人自由[J]. 法学研究，2004（5）：25-35.

[12] 顾爱平. 行政许可制度改革研究——《行政许可法》实施后的思考[D]. 苏州：苏州大学，2006.

[13] 徐超华. 宪政视野下的行政许可[J]. 湖南城市学院学报，2005，26（3）：8-10.

[14] 姜敏. 我国环境行政许可制度研究[D]. 重庆：西南政法大学，2013.

[15] 肖爱. 排污许可证制度研究[D]. 长沙：湖南师范大学，2004.

[16] 刘源. 我国排污许可证制度现状分析及完善[D]. 上海：上海交通大学，2011.

[17] Cramton P，Kerr S. Tradeable Carbon Permit Auctions：How and Why to Auction not Grandfather [J]. Energy Policy，2002，30（4）：333-345.

[18] Betz R，Seifert S，Cramton P，et al. Auctioning Greenhouse Gas Emissions Permits in Australia [J]. Australian Journal of Agricultural & Resource Economics，2010，54（2）：219-238.

[19] Grimm V，Ilieva L. An Experiment on Emissions Trading：the Effect of Different Allocation Mechanisms[J]. Journal of Regulatory Economics，2013，44（3）：308-338.

[20] Haita-Falah C. Uncertainty and Speculators in an Auction for Emissions Permits[J]. Journal of Regulatory Economics，2016，49（3）：315-343.

[21] Helm C. International Emissions Trading with Endogenous Allowance Choices [J]. Journal of Public Economics，2003，87（12）：2737-2747.

[22] Gersbach H，Winkler R. International Emission Permit Markets with Refunding[J]. European Economic Review，2011，55（6）：759-773.

[23] Antoniou F，Hatzipanayotou P，Koundouri P. Tradable Permits vs Ecological Dumping when Governments Act Non-cooperatively[J]. Oxford Economic Papers，2014，66（1）：188-208.

[24] Razmi A. The Macroeconomics of Emission Permits：Simple Stylized Frameworks for Short-Run Policy Analysis[J]. Eastern Economic Journal，2016，42（1）：29-45.

[25] Stavins R，Jaffe J. Linkage of Tradable Permit Systems in International Climate [J].Fondazione Eni Enrico Mattei Working Papers，2009，Paper 249. http：//services.bepress.com/feem/paper249.

[26] Jaffe J，Ranson M，Stavins R. Linking Tradable Permit Systems：A Key Element of Emerging International Climate Policy Architecture [J]. Ecology Law Quarterly，2009，36（4）：789-808.

[27] Pizer W A，Yates A J. Terminating links between emission trading programs[J]. Journal of Environmental Economics & Management，2015，71（C）：142-159.

[28] Rabe B G. Integrated Environmental Permitting：Experience and Innovation at the State Level[J]. State & Local Government Review，1995，27（3）：209-220.

[29] Robinson K. One-Stop Permitting？ A Critical Examination of State Environmental Permit Assistance Programs[J]. Economic Development Quarterly，1999，13（3）：245-258.

[30] Silvo K，Melanen M，Honkasalo A，et al. Integrated Pollution prevention and control - the Finnish approach[J]. Resources，Conservation and Recycling，2002，35（1-2）：45-60.

[31] Honkasalo N. The IPPC Directive as a Driver for Eco-efficiency. Environmental permitting in British，Danish，Dutch，Finnish and Swedish Dairy Industry[D].Lund：Lund University，2003.

[32] Honkasalo1 N，Rodhe H，Dalhammar C. Environmental permitting as a driver for eco-efficiency in the dairy industry：A closer look at the IPPC directive [J]. Journal of Cleaner Production，2005，13（10-11）：1049-1060.

[33] Tolsma H. Improving Environmental Permitting Systems：Integrated Permits in the Netherlands[J]. Mednarodna Revija za Javno Upravo，2014，12（2-3）：81-98.

[34] Kralikova R，Rusko M，Prochadzkova D，et al. Integrated Environmental Permitting Process in Slovakia[M]. //Katalinic B.DAAAM International Scientific Book 2015. Vienna：DAAAM International，2015：359-368.

[35] Lazarus R J，Tai S. Integrating Environmental Justice into EPA Permitting Authority [J]. Ecology Law Quarterly，1999，26：617.

[36] Kirk E A，Blackstock K L. Enhanced Decision Making：Balancing Public Participation against 'Better Regulation' in British Environmental Permitting Regimes[J]. Journal of Environmental Law，2011，23（1）：97-116.

[37] 易先良. 环境保护许可证制度初探[J]. 环境保护科学，1987（3）：83-87.

[38] 夏青. 中国的排污许可证制度与总量控制技术突破[J]. 环境科学研究，1991，4（1）：37-43.

[39] 吴报中，樊元生，李蕾. 排污许可证制度在环境管理中发挥重要作用[J]. 环境科学研究，1995，8（2）：3-9.

[40] 环境保护部大气污染防治欧洲考察团. 欧盟污染物总量控制历程和排污许可证管理框架[J]. 环境与可持续发展，2013（5）：8-10.

[41] 王志芳，曲云欢. 中瑞排污许可证制度比较研究[J]. 环境污染与防治，2013，35（5）：101-104.

[42] 宋国君，张震，韩冬梅. 美国水排污许可证制度对我国污染源监测管理的启示[J]. 环境保护，2013，41（17）：23-25.

[43] 林艳宇. 美国的大气污染物排放许可证制度[J]. 环境监测管理与技术，2004，16（3）：45-47.

[44] 宋国君，钱文涛. 实施排污许可证制度治理大气固定源[J]. 环境经济，2013（11），21-25.

[45] 黄文飞，卢瑛莹，王红晓，等. 基于排污许可证的美国空气质量管理手段及其借鉴[J]. 环境保护，2014，42（5）：63-64.

[46] 陈冬. 中美水污染物排放许可证制度之比较[J]. 环境保护，2005（13）：75-77.

[47] 张建宇，秦虎. 差异与借鉴——中美水污染防治比较[J]. 环境保护，2007（14）：74-76.

[48] 马宁，杨娜，鞠美庭，等. 中美排污许可证交易制度的比较研究[J]. 环境与可持续发展，2010（3）：46-49.

[49] 朱法华，王圣. SO_2 排放指标分配方法研究及在我国的实践[J]. 环境科学研究，2005，18（4）：36-41.

[50] 李蕾. 推进排污许可证制度逐步实现"三个过渡"[J]. 环境保护，2009（7）：10-12.

[51] 徐亚男. 排污许可证制度在总量控制工作中的思考[J]. 环境与可持续发展，2010（4）：46-47.

[52] 马利艳. 水污染物排放许可证制度探讨[J]. 学理论，2012（14）：132-133.

[53] 宋国君. 排污权交易[M]. 北京：化学工业出版社，2004.

[54] 杨展里. 水污染物排放权交易的市场模式[J]. 环境导报，2001（4）：11-13.

[55] 杨展里. 中国排污权交易的可行性研究[J]. 环境保护，2001（4）：31-33.

[56] 雷玉桃. 流域水环境管理的博弈分析[J]. 中国人口·资源与环境，2006，16（1）：122-126.

[57] 黄桐城，黄采金，李寿德. 实施排污权交易制度的最优时机决策模型[J]. 系统管理学报，2007，16（4）：422-425.

[58] 刘朝，田恬，龙舟. 排污权交易制度在社会可持续发展中的功能与价值[J]. 科学管理研究，2009，27（4）：60-63.

[59] 吕连宏，罗宏，罗柳红. 排污权交易制度在中国的推行建议[J]. 环境科技，2009（4）：70-73.

[60] 金帅，盛昭瀚，杜建国. 区域排污权交易系统监管机制均衡分析[J]. 中国人口·资源与环境，2011，21（3）：14-19.

[61] 张梓太，陶蕾. "国际河流水权"之于国际水法理论的构建[J]. 江西社会科学，2011（8）：13-18.

[62] 张明旭，顾友直. 上海市全面实行排污许可证交易的可行性探讨[J]. 上海环境科学，2003，22（4）：238-240.

[63] 夏光，冯东方，程路连，等. 六省市排污许可证制度实施情况调研报告[J]. 环境保护，2005（6）：57-62.

[64] 段菁春，云雅如，王淑兰，等. 中国排污许可证制度执行现状调查[J]. 环境科学与管理，2012，37（11）：16-20.

[65] 苏丹，王鑫，李志勇，等. 中国各省级行政区排污许可证制度现状分析及完善[J]. 环境污染与防治，2014，36（7）：84-91.

[66]　陆上岭. 排污许可证制度再认识[J]. 污染防治技术，2002，15（1）：53-54.

[67]　李挚萍. 中国排污许可制度立法研究——兼谈环境保护基本制度之间协调[C]//中国法学会环境资源法学研究会. 环境法治与建设和谐社会——2007 年全国环境资源法学研讨会（年会）论文集（第二册）. 兰州：中国法学会环境资源法学研究会，2007：466-473.

[68]　罗吉. 完善我国排污许可证制度的探讨[J]. 河海大学学报（哲学社会科学版），2008，10（3）：32-26.

[69]　宋国君，韩冬梅，王军霞. 中国水排污许可证制度的定位及改革建议[J]. 环境科学研究，2012，25（9）：1071-1076.

[70]　刘炳江. 改善排污许可制度落实企业环保责任[J]. 环境保护，2014，42（14）：14-16.

[71]　赵若楠，李艳萍，扈学文，等. 排污许可证制度在环境管理制度体系的新定位[J]. 生态经济，2014，30（12）：137-141.

[72]　韩冬梅，宋国君. 中国工业点源水排污许可证制度框架设计[J]. 环境污染与防治，2014，36（9）：85-92.

[73]　孙佑海. 如何完善落实排污许可制度？[J]. 环境保护，2014，42（14）：17-21.

第2章

国外排污许可证制度的实践与启示

由于在环境保护和污染防治方面所具有的巨大作用，排污许可证制度已成为一项国际通行的环境管理制度，许多国家更是将其作为污染源管控的核心制度。美国、欧盟等都是较早开展排污许可证管理的国家和地区，有着较为成熟的实践经验。本章将重点对国外排污许可证制度的典型实践进行介绍，并在此基础上对相关经验启示进行总结。

2.1 美国许可证制度

美国的许可证体系较为庞大，以其完善的框架、细致的规范和显著的成效成为许可证管理的典范[1]。美国的排污许可证制度以其相应的环境法律为基础。由于对各类环境要素的许可证立法是相互独立的，美国实行的是单项许可证制度，即对于不同环境要素中的污染行为分开许可。下面将对美国的大气和水排污许可证制度分别进行介绍，并以大气排污许可证制度为例对美国许可证制度的实施程序进行着重阐述。

2.1.1 大气排污许可证制度

1. 许可类型

美国的大气排污许可证制度以《清洁空气法》为法律核心。1977年，美国修订了《清洁空气法》，建立了"建设许可证"制度。1990年《清洁空气法》再次修订，在建设许可证的基础上进一步增加了两类许可证：运行许可证、酸雨许可证。这三类许可证的具体实施目的和管理范围各不相同，共同组成了美国大气排污许可证制度体系。

（1）建设许可证

建设许可证，又称新源审查许可证（Preconstruction permits，or New Source Review permits），是固定大气污染源在施工建设前需要取得的许可证。实施建设许可证管理的目的主要有两点：一是确保新建或改建的排污单位不会造成空气质量的显著下降，即对于空气不好的地区，确保新源不会减慢空气质量提升的进度，而对于空气良好的地区，确保新源不会显著地恶化空气质量；二是使人们可以确信，在其周围新建或改建的任何大型工业源会尽可能地清洁，并且随着工业扩张，污染控制也在同步地改善。服务于这些目的，建设许可证又可再分为三类：

防止明显恶化许可（Prevention of Significant Deterioration permits，以下简称PSD 许可）：适用于在空气质量达到国家环境空气质量标准（National Ambient Air Quality Standards，NAAQS）的地区新建重大污染源，或对现有污染源进行重大改建时。NAAQS 是美国国家环保局为保护环境和人体健康，对六类常规污染物（包括臭氧、一氧化碳、颗粒物、二氧化硫、铅、氮氧化物，亦被称为"标准污染物"）设立的空气质量标准。PSD 许可一般包括四方面的要求。第一，新源必须配置最佳可行控制技术（Best Available Control Technology，BACT），也就是综合考虑了能源、环境和经济影响后的污染控制措施；第二，开展空气质量分析，即对当前空气质量进行评价，并模拟预测新源运营后的未来环境污染物浓度；第三，开展额外影响分析，即评价由污染物排放增长所导致的大气、土地、水体污染对土壤、植被和景观的影响；第四，进行公众参与，即在许可发布过程中应包含公众意见征求、听证会、申诉等公众参与渠道和手段[2]。

未达标新源审查许可（Nonattainment NSR permits，以下简称 NNSR 许可）：适用于在空气质量未达到 NAAQS 的地区新建重大污染源，或对现有污染源进行重大改建时。NNSR 许可包括三方面的条件。首先，新源要配置最低可达排放速率（Lowest Achievable Emission Rate，LAER）技术，即在任何州实施计划中包含的或者实践中可达到的最严格的排放限制技术；其次，执行排污抵消制度，即在新源的邻近区域内获取其他现有源的排放削减，这些削减不仅能够抵消新源带来的排放增长，而且还能给地区空气质量提升带来净效益；最后，开展公共参与，即在许可发布过程中应包含公众意见征求、听证会、申诉等公众参与渠道和手段。

小源许可（Minor source permits）：适用于在达标及未达标地区新建小型污染源，或对现有的重大和小型污染源进行小幅改建时。小源许可的要求包括：新源必须遵守州发布的各项污染排放控制措施；许可不能对 NAAQS 的达标或维持，或者对州实施计划的污染控制战略产生妨碍。由于小源许可的要求相对较为简单，因此一些污染源会为了获取小源许可而自愿将排放量限制在较低水平，从而可以免受 PSD 和 NNSR 许可的管制。

建设许可证制度的基本理念是，应当在污染源新建或者改建时，对其配置足够先进的污染控制设施。因此，建设许可证制度的核心是 PSD 许可和 NNSR 许可。具体而言，除了适用地区不同以外，两者在适用污染物和适用污染源上也都有差异。表 2-1 对两类许可的适用对象进行了描述和比较。

表 2-1　PSD 许可和 NNSR 许可适用对象

许可	适用地区	适用污染物	适用污染源	
			新建重大污染源	现有污染源重大改建
PSD 许可	达标地区	NAAQS 规定的污染物及其前驱物（例如 VOC 和氮氧化物为臭氧前驱物）、新源执行标准（New Source Performance Standards，参见下文）规定的污染物、臭氧消耗物质、温室气体、法律规定的其他污染物	对于石油、冶金等 28 类污染源，任何污染物（温室气体除外）排放潜力≥100 t/a 的；对于其他污染源，任何污染物（温室气体除外）排放潜力≥250 t/a 的；污染源的温室气体排放潜力≥100 000 t CO_2 当量/a 的	改建后污染物排放净增量超过一定阈值的。根据污染物（温室气体除外）种类不同，净增量阈值从 0.6 t/a（铅）到 100 t/a（一氧化碳）不等；温室气体的净增量阈值为 75 000 t CO_2 当量/a（同时现有源排放潜力需超过 100 000 t CO_2 当量/a）
NNSR 许可	未达标地区	NAAQS 规定的污染物及其前驱物（例如 VOC 和氮氧化物为臭氧前驱物）	根据污染源所在地区空气质量恶劣程度的不同，污染物排放潜力阈值从 100 t/a 到 10 t/a 不等（例如在臭氧严重不达标区，氮氧化物排放潜力≥25 t/a 即为重大源）	改建后污染物排放净增量超过一定阈值的。净增量阈值根据污染源所在地区空气质量恶劣程度的不同而不同（例如在臭氧严重不达标区，VOC 净增量≥25 t/a 即为重大改建）

注：表中"现有污染源重大改建"仅指现有重大污染源的相关改建。对于现有小型污染源的改建，PSD 许可和 NNSR 许可仅在改建后的污染源本身成为重大源的情况下适用。

资料来源：40 CFR 51& 52[3、4]。

（2）运行许可证

运行许可证（Operating permits，or Title V permits）是在大气污染源开始运行后，由许可当局对污染源发放的许可证。与建设许可证不同，运行许可证管理的污染源已经处于实际运营阶段。运行许可证制度的实施意图是，通过把联邦、州、地方政府所有的大气污染控制要求规整到一份单独而全面的"运行许可证"中，并利用这份许可证来管制污染源每年的排污活动，从而简化各级政府对大气污染的管理，消除各种各样的减排计划对企业可能带来的困惑[5]。运行许可证制度的实施目的和关键要求见表 2-2。

表 2-2　运行许可证制度的实施目的与关键要求

目的	减少对大气污染法律的触犯，改善法律实施情况
关键 要求	将所有适用于污染源的大气污染控制要求写入到一份文件中
	要求污染源提供定期报告，说明污染源如何跟踪其污染排放以及为了限制排放而采取的各项措施
	要求监测、检验并保留相关记录以确保污染源遵守了排放限制或其他污染控制要求
	要求污染源于每一年证明是否已满足许可证中的各项污染控制要求
	使得许可证中的条款具有联邦层面的执行效力

资料来源：AIR EPA and State Progress In Issuing Title V Permits[6]。

运行许可证适用的污染物包括：氮氧化物和 VOC、NAAQS 规定的污染物、新源执行标准（New Source Performance Standards，NSPS）规定的污染物、臭氧消耗物质、有害空气污染物国家排放标准（National Emission Standards for Hazardous Air Pollutants，NESHAP）规定的污染物、温室气体。运行许可证适用于所有的大型污染源和一部分较小的污染源，具体包括以下几类：一是重大污染源，即任何污染物（温室气体除外）排放潜力超过 100 t/a 的污染源（在非达标区，根据空气质量恶劣程度采纳更低的阈值）、温室气体排放潜力超过 100 000 t CO_2 当量/a 的污染源、单项有害空气污染物排放潜力超过 10 t/a 或者有害空气污染物总排放潜力超过 25 t 的污染源；二是建设前受 PSD 和 NNSR 许可管制的污染源；三是受控酸雨源，即需要获得酸雨许可证的污染源；四是固废焚烧装置、城市固体废物填埋场和化工制造企业；五是受 NESHAP 管制的非重大污染源。此外，理论上还应包括美国国家环保局规定的其他源（目前暂无规定）。

（3）酸雨许可证

酸雨许可证（Acid rain permits，or Title IV permits），是为促进酸雨计划（Acid Rain Program，ARP）的实施而向相关企业发放的许可证。在遭受多年的酸雨危害后，美国提出了著名的酸雨计划，旨在大幅削减电力行业所排放的导致酸雨的两大主要污染物：二氧化硫和氮氧化物。其中，氮氧化物的削减主要通过采用低氮新技术来控制排放率，而二氧化硫的削减采用可交易的排污许可模式（排污权交易）。对于每个受控源，酸雨许可证要求：持有足够的二氧化硫"排放配额"以保障其年度排放；遵守相应的氮氧化物排放限制；监视和报告排放情况。酸雨许可证的一个重要作用是推进二氧化硫的排污权交易。例如，通过利用许可自动修订机制，酸雨许可证允许污染源之间进行排放配额的实时交易。

2. 排放限制

美国的许可管理方法十分细致。除了依据污染源的所处阶段、所在地区，或是实施项目的不同而采用不同类型的许可证以外，各类许可证适用的排放限制也是非常多的。《清洁空气法》主要确立了三类排放限制的来源：①联邦发布的条例，例如 NSPS 和 NESHAP；②州实施计划的要求；③PSD 和 NNSR 许可。

《清洁空气法》第 111 条规定，美国国家环保局应当为常规污染物排放量显著的某些工业活动制定污染物排放控制标准，也即 NSPS。NSPS 制定依据为最佳示范技术（Best Demonstrated Technology，BDT），其管制的污染物包括颗粒物、二氧化硫、一氧化碳、氮氧化物、挥发性有机物、酸雾、总还原性硫化物、氟化物等。NSPS 的主要目的是对新源确立联邦层面的基本控制要求。同时，《清洁空气法》第 112 条规定，美国国家环保局应当制定标准，以削减有害空气污染物的排放。这些标准即为 NESHAP，其管制的污染物包括石棉、苯、铍、无机砷、汞、放射性核素、氯乙烯等。对重大污染源，NESHAP 制定依据为最大可达控制技术（Maximum Achievable Control Technology，MACT），对其他污染源，其制定依据为一般可行控制技术（Generally Available Control Technology，GACT）。GACT 的污染控制严格程度不及 MACT。NESHAP 同时为新源和现有源确立了联邦层面的基本控制要求。

在这些联邦层面的排放标准之上，《清洁空气法》进一步要求各个州应该向美国国家环保局提交州实施计划，阐明各州将如何让空气质量达标并或对空气质量进行维护。一旦被美国国家环保局批准，州实施计划就具有了联邦法律效力。对于空气质量未达标地区的现有源，州实施计划必须规定合理可行控制技术（Reasonably

Available Control Technology，RACT）以对地区内的污染物排放进行管制。由于针对的是现有源，RACT 往往被列入运行许可证的要求当中。相比建设许可证要求的 BACT 和 LAER，RACT 更多地考虑了经济技术因素，因而较为宽松。

第三类排放限制的来源为 PSD 和 NNSR 许可。具体来说，这类排放限制即是指在 PSD 和 NNSR 许可中必须要有的 BACT 和 LAER。然而，与 NSPS 和 NESHAP 不同，BACT 和 LAER（也包括部分 RACT）并不是统一的标准，而是基于个案分析（Case-by-case）来加以确定的。州或者地方许可当局要对各个固定源的技术经济水平进行考察，结合美国国家环保局公布的控制技术清单和本州的空气质量控制目标，确定具有针对性的排放要求。在这种情况下，减排潜力大以及减排成本低的污染源就会被制定更严格的标准，从而削减更多的污染物，避免排污单位因为达到了统一的排放标准（例如 NSPS）就不再减排。换言之，对于新建和改建的污染源来说，PSD 和 NNSR 许可的 BACT 和 LAER 都会比 NSPS 更为严格，是在联邦统一标准上更进一步的要求。

美国的大气排污许可证的排放限制多样、细致而且复杂，但整体都是基于技术的标准，其内容不仅包括数值化的排放限值，也包括设备或设计标准、操作标准、工作实践标准等。在管控程度上，各类排放限制也有较大差异，一般地，新源比现有源严格，重大源比非重大源严格，非达标地区比达标地区严格，个案分析比联邦统一严格。各类排放限制的控制技术比较见表 2-3。

表 2-3　排放限制的控制技术

排放限制来源	控制技术	适用污染源	控制技术说明
NSPS	BDT	主要为新源	对于某一既定产业来说，在考虑了经济成本和其他因素（如能源消耗）的基础上，已经得到实践检验的最佳减排措施
NESHAP	MACT 和 GACT	新源和现有源	MACT：不低于现有污染源中排放控制效果最优的前 12% 的平均排放水平（现有源）；实践中得到最优控制的同类污染源所能达到的排放水平（新源） GACT：在考虑了经济影响和企业的技术能力后，可以商业获取且适合实际应用的污染控制措施
州实施计划的要求	RACT	现有源	经济和技术上都可以实现的、合理可行的控制措施
PSD 许可	BACT	新源	综合考虑了能源、环境和经济影响后的污染控制措施
NNSR 许可	LAER	新源	在任何州实施计划中包含的或者实践中可达到的最严格的排放限制技术

3. 实施机制

（1）实施体系

美国的大气排污许可证发放机构包括美国国家环保局、州和地方的政府环保机构，但绝大部分许可证都是由州和地方机构发放。对于建设许可证，美国国家环保局负责建立许可证制度的基本要求。各个州可以制定符合自身特点的建设许可证制度，但是不能比美国国家环保局的要求更为宽松。各州的建设许可证制度都被整合到州实施计划当中，并随着州实施计划的被批准而被批准。依据被批准的建设许可证制度，各州就可以向污染源发放建设许可证。空气质量达标的州亦可以不制定自身的建设许可证制度，而直接采用美国国家环保局的建设许可证制度。这种情况下，美国国家环保局授权这些州代表其发放许可证。最后，在少部分地区，美国国家环保局直接作为发证机构。

运行许可证的实施体系与建设许可证类似。首先，美国国家环保局建立运行许可证的基本要求。在此基础上，各州制定州运行许可证制度，并交美国国家环保局批准。依据被批准的州运行许可证制度，各州就可以向污染源发放运行许可证。在少部分地区（如印第安领地）和其他一些特殊情况下，美国国家环保局负责发放运行许可证。值得注意的是，依照《清洁空气法》的第四章和第五章的规定，州政府同时也要制定本州的酸雨许可证制度作为它们州运行许可证制度的一部分。据此，每个酸雨许可证也可看成是一个综合性更强的运行许可证的一部分。

总体看来，美国的大气排污许可证制度是一项美国国家环保局要求的，由州政府负责实施的政策。州政府制定的州实施计划和州运行许可证制度必须满足美国国家环保局制定的最低许可证制度要求，而且必须通过美国国家环保局批准后方可实施。同时，在各州的许可证制度的实施过程中，州环保局或地方空气质量管理委员会仍然受到美国国家环保局的监督，美国国家环保局有权审查甚至反对拟发的许可证。如果各州未能按规定实施许可证制度或实施不力，许可证发放权将被收归美国国家环保局所有，由美国国家环保局执行联邦实施计划或联邦运行许可证制度。可见，美国国家环保局拥有最高的授权和监督权力，州政府在制定和执行许可证制度时向美国国家环保局负责，受其监督。大气排污许可证的基本实施体系见图2-1。

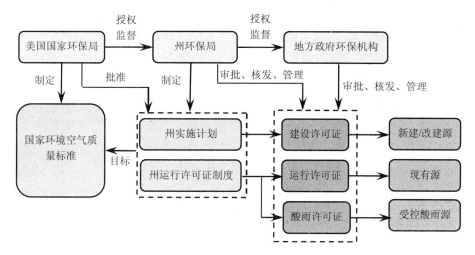

图 2-1 美国大气排污许可证基本实施体系

资料来源：修改自《实施排污许可证制度治理大气固定源》[7]

（2）实施程序

在具体的实施程序上，美国的大气排污许可证制度主要可以分为企业申请、审核发证、证后监管、惩罚机制四个方面。实施程序的示意图见图 2-2。

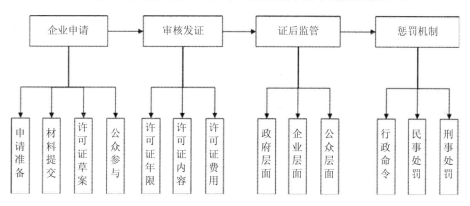

图 2-2 美国大气排污许可证制度实施程序

企业申请

企业许可证申请可分为申请准备、材料提交、许可证草案、公众参与四个阶段。申请准备阶段主要用以识别企业内的所有污染源、污染控制措施、确定适用的技术标准、排放标准等；对于运行许可证而言，在审查企业内部的生产经营和排污状况时，就需在准备阶段对不能满足许可证要求的情况予以改进。根据准备阶段的相关信息，撰写并提交相关许可申请书，一般包括企业概况、生产工艺及产品概况、污染源及排污信息及大气污染控制措施等。其中 PSD 许可除提交申请书外，还需提交空气质量分析报告和额外影响分析报告，空气质量分析报告是用以确保新增的重大污染源不会造成空气质量超标，满足 PSD 允许增加量（PSD increment）的要求；额外影响分析报告是对人口、商业、工业、土壤、农作物的影响进行分析，保证新增的重大污染源不会使其利益受到明显损害。对于暂未能满足运行许可要求的企业，除提交申请书外，还需提交遵守方案（Compliance plan），根据时间表（Schedule of compliance）制定具有强制执行力的措施以达到许可要求。所有的材料在提交前，由公司负责人审核并签署遵守保证书（Compliance certification），确保材料的真实性、准确性和完整性，一旦发现作假，将构成犯罪行为。需要说明的是，由于美国的法律法规条文规定非常细致，仅 NESHAP 就有适用于不同行业的 120 多项排放标准，因而大部分企业很难在短时间内确定适用于该企业的排放标准和其他许可证条件，往往选择聘请专业环境咨询公司来协助其申请大气排污许可。为最大限度减少相关公司负责人的责任风险，企业也会聘请律师审核许可证的申请。随后，许可机构在收到完整的申请材料后，生成拟议的许可证草案（Draft permit），内容主要包括确定排放要求、规定监测要求等。最后将所有许可证相关材料向公众公开，征求公众意见。

审核发证

在公众参与阶段结束后，许可机构根据申请材料、公众意见、企业对公众意见的回复等决定是否核发许可。建设许可证的有效期一般为 12～24 个月，企业必须在建设许可证有效期内进行建设活动，否则需重新申请建设许可证。建设许可证在企业获得运行许可证后自动失效。许可证的内容综合了所有的法律要求：建设许可证的内容包括许可对象、排放限制、核发机构在分析数据时所用到的参数信息如烟囱高度等；运行许可证的内容包括污染物的排放限制、遵守方案、实施时间表、实施进度报告（提交频率不低于半年/次）、年度遵守保证书，以及监测、记录、报告要求等。此外，根据《清洁空气法》的规定，运行许可证的有效期不得超过五年，各州一般设定为五年。同时，为保证有足够的人力、财力制定和实施运行许可证制度，《清洁空气法》第 502 条规定，各州可按某种污染物的实际排放量收取不低于 25 美元/（t·a）的运行许可证费用（以 1989 年为基准年），并根据消费价格指数（Consumer Price Index）逐年进行调整，2012 年的最低收费标准为 46.73 美元/（t·a）。对于不按规定交纳许可证费用的排污单位，主管机构可以对其处以应交款额 50%的罚款，并按拖延天数交纳相应的利息。

证后监管

政府监管方面。美国国家环保局具有统一的监督管理权，对州实施计划及州运行许可证制度进行审批。各州政府根据州实施计划和州运行许可证制度在其管辖范围内履行监督管理权，包括审核、签发许可证、对企业的监测和记录情况进行常规和非常规检查，要求排放任何空气污染物质的企业安装和使用检测设备，对排放物质进行取样等。

企业监管方面。企业通过监测（Monitoring）、记录（Recording）、报告（Reporting）制度进行自我管制。其中，监测是整个监管环节中最重要的环节，只有进行科学详细的监测获取充分可靠的定期监测数据才能确定企业是否遵守了运行许可证的相关要求。企业对监测必须作全程记录，同时还必须如实记录各种投诉，以及针对投诉所采取的措施。企业必须定期向国家环保局进行报告，内容主要是监测信息的记录，包括抽样或测量的日期、地点和时间，进行分析的时间，进行分析的公司或机构，使用的分析技术或方法，分析结果以及抽样或测量时的操作条件等。企业从监测样品、测量、报告或者应用的日期开始，所有要求的监测数据和支持信息记录必须保留至少五年，任何所要求的监测报告必须至少每六个月提交一次，须迅速报告违反许可证要求的情况，包括违反的可能原因、采取的任何更正性或预防性措施等。

公众监管方面。公众可在 http://www.epa.gov/airquality/permits/publicinput.html 网站上获取运行许可证相关的所有信息，包括许可证申请书、遵守方案、许可证、监测和遵守报告（需要保护的商业秘密除外）。排污信息公开有助于遏制违法行为和督促企业报告。此外，美国的公民诉讼制度进一步保障了公众监管，即任何人均可对违反环保法律的行为提起诉讼，而不要求与诉讼标的有直接利害关系。公民诉讼的被告有两类：一是违反环保法律的排污企业，二是享有管理权而不作为的执法管理机构。

惩罚机制

美国大气污染物排污许可证制度的惩罚手段主要包括行政命令、民事处罚、刑事处罚。行政命令是指经法律授权的联邦或州的行政机关依照行政程序对违法者采取的强迫其遵守法律并依法承担行政法律责任的法律行为，主要形式包括：

非正式通知（电话通知、现场检查、违法通知等）、行政守法令（Administrative order）、行政罚款令（Administrative penalty order）。而民事处罚和刑事处罚则是指经法律授权的联邦或州的行政机关依法向法院提出，由法院依照司法程序对违法者采取强迫其遵守法律并追究其法律责任的强制行为。行政机关可以向法院申请对违法者发布强制令、给予民事制裁（主要是民事罚款）、强制执行行政罚款、对拖欠行政罚款的民事罚款等。针对严重污染环境触犯刑法的行为可采取刑事处罚，处罚形式包括罚金和监禁等。美国的刑事处罚的最大特点是对虚假陈述的行为追究刑事责任，这些行为包括对许可证要求的各项报告、文件、证明作虚假陈述，或者对以上文件有删减、篡改、隐瞒的行为。另外，没有按照规定安装必要的污染控制设施，或没有按照要求采用规定的方法对数据进行记录和备案，都有可能导致刑事制裁。这些处罚规定对排污企业产生了巨大的震慑作用。此外，美国对于行政罚款、民事罚款及刑事罚金，均以按日计罚的方式进行处罚，以确认的违法排污行为之日起，按日叠加罚款金额。处罚额度评估主要依据违法企业的规模、惩罚额度对该企业的经济影响、该企业的违法历史、违法性质（故意或过失程度）、违法的持续天数、类似违法情况的惩罚额度、违法所获得的经济效益及违法导致的污染严重程度等。

2.1.2　水排污许可证制度

1. 发展历程与许可原则

和大气排污许可证制度类似，美国的水排污许可证制度在以《清洁水法》为核心的法律体系上建立。1972 年，美国的《联邦水污染控制法》（《清洁水法》的前身）进行了一次全面修订，在其中首次引入了"国家污染物排放消除体系"（National Pollutant Discharge Elimination System，NPDES）许可证制度，即美国的水排污许可证制度。NPDES 许可证制度要求，凡是通过点源向水体排放污染物的设施，都要获取排污许可证。同时，该版《联邦水污染控制法》修订案还强调了以下四个原则：①向可航运水体排放污染物不是一项权利；②当利用公共资源处置污染物时，许可证是必需的，并且许可证要对污染物的排放量做出限制；③无论受纳水体的状况如何，污水都必须用经济上可行的最佳处理技术处理；④排放限制必须以处理技术的效能为基准，但是如果基于技术的限制不能防止受纳水体的质量不受损害，就可以加入更为严格的限制。

NPDES 许可证制度在很大程度上就是围绕着这四项原则展开的，很多方面都是这些原则的具体体现。在 1972 年之后,《联邦水污染控制法》在 1977 年被再次修订,除了正式更名为《清洁水法》以外,更加注重了对有毒污染物的控制。1987年,《清洁水法》再次修订,工业和市政暴雨水排放也被加入了 NPDES 许可证制度的管制范围内。

2.　许可类型

NPDES 许可证一共有两种类型:个别许可证和一般许可证。

个别许可证(Individual permits)是专门适用于单个设施的许可证。一旦某个设施提出合适的许可证申请,许可当局就会基于申请上的信息(活动类型、排放性质、受纳水体质量等)对此设施制定许可证。许可证在一个特定时段内有效(不超过五年),且在过期之前需要再次申请。

一般许可证(General permits)是能对某一特定类别中多个设施同时进行管制的许可证。对许可当局来说,一般许可证是一个更有效率的许可方案,因为仅用一份许可证就可以管制同一个类别下的大量设施。一般许可证适用的设施类别包括:①暴雨点源;②操作方式相同或者基本类似的设施;③排放相同废物,或利用、处置淤泥方式相同的设施;④具有相同的排放限制、运行条件、下水道淤泥利用或处置标准的设施;⑤监控要求相同或类似的设施。然而,这些排污设施必须是位于同一个地理区域范围内(同一个市、郡、州、规划区域、下水道区、州公路系统等),否则一般许可证将不能适用。

一般许可证使得具有相同特点的设施可以统一管制,避免了对各个设施一一发布个别许可证所带来的时间和资金花费。得益于此,许可当局可以以更有效的方式分配资源,更及时地扩大许可管制范围。同时,一般许可证还可以确保对于类似的设施,采用的许可条件是一致的。

在组成上,所有的 NPDES 许可证都至少包含五个部分:封面页、排放限制、监测与报告要求、特别条款、标准条款。各部分的主要内容和说明参见表 2-4。

3.　排放限制

1973—1976 年,第一轮 NPDES 许可证得以发放,要求工业设施必须逐步满足两个基于技术的标准:现行最佳实用控制技术(Best Practicable Control Technology Currently Available,BPT)和经济可达的最佳可行技术(Best Available Technology Economically Achievable,BAT)。BPT 是指在每一工业类别或子类别的工厂中,现有最优的排放控制效果的平均水平。确定 BPT 时,必须要对实施技术的成本和污染物减排的效益进行合理论证。它是许可证的最低限度要求。BAT

是指已经达到的，或者有能力达到的最佳污染物控制和处理措施。在确定 BAT 时，措施的可达成本仍然必须考虑，但并不要求对实施成本和减排效益进行平衡。

表 2-4 NPDES 许可证的组成

部分	主要内容和说明
封面页	持证者的姓名、地址、授权排放声明、被授权排放的具体位置
排放限制	污染排放的主要控制措施。许可证撰写人员的主要时间都花费在为污染源确立恰当的基于技术或基于水质的排放限制
监测与报告要求	用以验明废水和受纳水体的特征，评估废水处理效率，确保对许可证条款的遵守
特别条款	排放限制的附加条款。例如：最佳管理实践（Best Management Practices）、额外监测活动、背景水体调查、毒性削减评价（Toxicity Reduction Evaluations）
标准条款	对所有 NPDES 许可证都适用的预先设立的条款，阐明了许可证在法律、行政和程序上的要求

资料来源：Water Permitting 101[8]。

1977 年《清洁水法》进行修订以后，污染控制的重点开始转移。水体污染物被分为三类：常规污染物、有毒污染物、非常规污染物，不同类型的污染物采用不同的排放限制，而控制的重点转移到了毒性污染物上。所谓常规污染物是指五日生化需氧量、总悬浮物、酸碱度、粪大肠菌群、油和油脂五类污染物指标。常规污染物采用的排放限制为最佳常规污染物控制技术（Best Conventional Pollutant Control Technology，BCT）。BCT 的制定依赖于两个"成本合理性"检验。第一个检验是比较水污染物的行业内削减成本和排放到公共废水处理厂以将其处理到类似排放水平的成本；第二个是研究在 BPT 基础上进一步进行工业处理的成本效益率。美国国家环保局必须根据这两个检验制定合理的排放限制，并将其确定为 BCT。BCT 在常规污染物的管制上完全取代了 BAT，但是对于有毒污染物和非常规污染物，其排放限制仍然是 BAT。

上述的这些控制措施都是针对现有源的。为了加强对新源的监管，1972 年的《联邦水污染控制法》建立了新源执行标准（New Source Performance Standards，NSPS）。水污染源的 NSPS 是基于最佳可行示范控制技术（Best Available Demonstrated Control Technology，BADT）制定的，管制范围包括所有的三类污染物。考虑到新源具有装配最佳、最有效率的生产工艺和废水处理技术的机会，美国国家环保局希望 NSPS 可以代表能够达到的、最严格的排放控制措施。

通过 BPT、BAT、BCT、NSPS，美国国家环保局试图建立起一套全国统一的、基于技术的排放限制。然而，在特殊情况下，亦会有污染源不在这些排放限制的管制范围内。此时，许可证撰写人员就可以根据自身的最佳专业评价（Best Professional Judgment，BPJ）来逐案分析地确立许可证中的排放限制。即许可证中的排放标准不再是由一组专家对某一工业行业根据专业知识互相合作而制定的国家标准，而是仅由许可证撰写人员凭借个人知识水平，针对特定污染源单独确立的。在第一轮许可证的发放过程中，由于很多的国家层面排放限制尚未到位，有大约 75% 的许可证就利用了 BPJ 来确立标准。

尽管基于技术的排放标准已经相当多样化，但如果这些标准仍不足以保护水体，那么许可证就需要适用更为严格的基于水质的排放标准。基于水质的标准一般是基于最大日负荷总量（Total Maximum Daily Loads，TMDL）来制定的。TMDL 是通过计算得出的，在满足水质标准的前提下水体可接受的最大污染物量。利用 TMDL，可以在许可证中对污染源的排放量进行合理分配，促进水质达标。

4.　实施机制

《清洁水法》授权美国国家环保局直接实施 NPDES 制度。美国国家环保局可以再授权各州实施全部或部分的 NPDES 制度内容。对于只获得部分授权的州，美国国家环保局负责实施其余部分。然而，即使是交给各州实施，美国国家环保局仍然保留审查每份拟发的许可证的权力，并且可以对其中与联邦要求有冲突的元素提出反对。如果许可当局不解决这些问题，那么美国国家环保局可以直接发放符合其要求的许可证。一旦许可证被得以发放，它就具有法律效力。

如果州未被美国国家环保局授权实施 NPDES 制度，那么美国国家环保局负责实施该制度。当美国国家环保局发放许可证时，它需要从污染源所在的州那里获得认证，以确保污染物的排放符合排放限制、州水质标准以及州法律的其他适用要求。州需要在认证中列明许可证必须包含的条款，以便认证的开展。

在实际实施过程中，大部分许可证都是由州发放的。总体上，与大气排污许可证的实施体系类似，美国的水排污许可证是一项美国国家环保局领导的，由州政府负责实施的政策。美国国家环保局拥有最高的授权和监督权力，州政府在执行许可证制度时向美国国家环保局负责，受其监督。

2.2　欧盟许可证制度

2.2.1　总体框架和发展历程

欧盟的许可证制度是建立在 1996 年颁布的《综合污染预防与控制指令》（Integrated Pollution Prevention and Control Directive，以下简称 IPPC 指令）上的，目的是对环境实施综合管理。在此之前，欧盟已经有 200 多件各种环境指令和规定。这些立法几乎涵盖了所有重要的领域。然而，这些立法是分散式的，例如在有关水污染的指令中很少提及废物管理或者空气污染指令的相关内容。即使是在单一领域，由于同时存在多个立法，导致对同一个类型的污染问题有不同的对策措施[9]。为了提高执行效率，增加可操作性，欧盟出台了 IPPC 指令，对污染控制法规进行了融合。IPPC 指令是一个综合性的污染控制指令，其目标是预防或减少对大气、水体、土壤的污染，控制工业和农业设施的废物产生量，确保高水平的环境保护。IPPC 指令的颁布，代表了欧盟开始采用综合许可证制度，力求对各种环境要素中的污染物进行统一控制。

IPPC 指令要求，具有较高污染潜力的工业和农业活动需要获取许可证。许可证只在要求的环保条件都得以满足的情况下发放，企业对其自身产生的污染负有预防和削减的责任。指令适用于以下行业的新建或现有污染源：能源、金属生产及加工、采矿、化工、废物管理、畜牧业等。为了获得许可证，工业或农业设施所要遵守的基本义务包括：①使用所有适合的污染预防措施，即所谓的最佳可行技术（Best Available Techniques，BAT）；②预防所有的大规模污染；③尽可能地以产生最少污染的方式来预防、回收或者处置废物；④高效地使用能源；⑤确保事故预防和损害控制；⑥当活动结束时，恢复场地到它们原先的状态。

此外，在发放许可证时，必须加入以下要求：①污染物质的排放限值（如果有相应的排放交易体系，那么温室气体的排放限值可以除外）；②任何需要的土壤、水体以及大气保护措施；③废物管理措施；④特殊情况下的应对措施（泄漏、故障、暂时或永久性的停工等）；⑤长距离或跨界污染的最小化措施；⑥排放监控措施；⑦其他适用的措施。

IPPC 指令同时要求，在不损害商业机密的条件下，许可证的申请信息应当采用合适的方式（包括电子化）向公众公开，并要向公众提供许可证签发机关的具体联系方法以及参与许可过程的机会。此外，如果项目可能会有跨界影响，那么申请信息还要向其他成员国也公开，每个成员国再将这些信息发布给境内的相关方以便他们能给出意见。

IPPC 指令的核心要求，就是要根据 BAT 来对指定行业的污染设施发放综合许可证。从定义上来说，BAT 代表了各项生产活动、工艺过程和相关操作方法发展的最新阶段。它表明了某种特定技术在满足排放限值基础上的适用性，或者当无法满足排放限值时，又无其他指定技术的情况下，采用此种技术可以使得向整个环境中的排放量达到最小。其中，"最佳"（B）意味着最有效地实现高质量的整体环境保护；"可行技术"（A）意味着该项技术已经发展到一定规模，在经济和技术上具有将其应用到相关的行业活动的可行性，同时，在考虑了成本和收益的情况下，无论该项技术是否在成员国内部使用或生产，只要其能被活动经营者合理获取即可；"技术"（T）既指所使用的技术，也指设施设计、建造、管理、维护、运营和退役的方法。为了帮助成员国发证机构和工业界更好地确定 BAT，委员会在与技术专家、工业界和环保团体进行信息沟通及交流的基础上制定了一份最佳可行技术参考文件（BAT Reference Documents，BREFs）。BREFs 介绍了针对欧盟各类设施的 BAT，重点说明与此类技术相关的排放和消耗水平，并定期更新。然而，这份文件仅具有参考价值，并没有法律约束力。在实际操作过程中，允许成员国考虑相关设施的技术特征、地理位置、当地的环境条件等因素来确定合适的 BAT。

理论上，欧盟各成员国应当将 IPPC 指令的内容转化为本国的法规并严格加以实施。然而，经过多年的运行，指令的实施仍存在着一些问题。首先，许可证发放的进度落后。指令所要求的行业设施在规定期限前仍有大量许可证未被发出，其中落后最多的国家包括希腊、意大利、保加利亚等。其次，许可证的质量参差不齐。指令的设想是根据 BREFs 中 BAT 来确定许可证的排放限值。但实际中，很多许可证并未据此来设定许可条件。由于 BREFs 仅有参考价值而无法律约束力，各成员国对 BAT 的具体解释各异，一些国家在实施中往往以设施的技术特征、地理位置、当地环境条件的特殊性为由降低实际要求。

鉴于此，欧盟委员会开始考虑对污染排放法律进行改进。2010 年，《工业排放指令》（Industrial Emission Directive，IED）被正式批准通过，该指令将下列指令合为一体：《大型燃烧装置大气污染物排放限制指令》《污染综合防治指令》《废物燃烧指令》《溶剂排放指令》以及之前有关二氧化钛的处置、监测和监管、减少行业污染的三个指令。其中，IPPC 指令仍然是核心。IED 指令中一些重要的新规定包括：①强调 BREFs 的作用，要求排放限值不能超过 BREFs 中 BAT 的相关排放水平，如在特殊情况下采用了宽于 BAT 的限值，则需要将降低标准的理由向公众公开；②强化指令的实施和执行，要求成员国确保经营者和主管部门在出现与指令不符的情况时采取必要的措施；③对部分类别的燃烧设施和污染物设立更严格的排放限值；④要求成员国制定环境检查制度，确立检查计划，该计划应涵盖所有的设施，并定期检讨和更新；⑤要求成员国积极推进新兴技术（emerging technique），即比现有的 BAT 能提供更高水平的环境保护或节省更多成本的新技术；⑥要求成员国在依照 IED 制定国家规定后，针对违反相关规定的情况，确定惩罚措施[10]。欧盟的各成员国应当在 2013 年 1 月 7 日之前将 IED 纳入国家法规。

2.2.2　英国环境许可证制度

目前，英国的许可证制度以 2007 年颁布的《环境许可条例》为法律依据。该条例将多个欧盟指令全部或部分地纳入了其中，包括：《综合污染预防与控制指令》《废弃物框架指令》《垃圾掩埋指令》《汽车报废指令》《废电子电机设备指令》《废弃物焚化指令》《溶剂排放指令》《大型火力电厂指令》《石棉指令》《二氧化钛指令》《汽油气体回收指令》《电池指令》《采矿废物指令》（2013 年修订后，《工业排放指令》也被加入其中）。《环境许可条例》试图将英国在过去几十年对各种活动发放的大量许可证和授权执照放在一个统一的框架下。从整体性角度出发，该条例将大气、水体、土壤的排污活动许可整合到了一起，从而简化了企业的规范流程。

英国的环境许可制度要求对各类有损环境或人体健康的设施进行管制。对于某些设施，经营者应当获取许可证；对于其他设施，则可以将其登记为许可豁免。同时，经营者必须持续地接受监管者的监督。环境许可制度的目标包括：①对环境进行保护，使得法定的和政府政策的环境目标可以实现；②有效地实施许可体系、遵守许可条件、遵照环境目标，从而使得经营者和监管者的职责明确，减少行政负担；③鼓励监管者推广设施运行的最佳实践经验；④持续地全面推行欧盟法规[11]。

英国的许可证有两种类型：标准许可证（Standard permits）和定制许可证（Bespoke permits）。标准许可证要求许可证持有者遵守一系列标准规定。每种活动都有其固定的规定，由英国环保局和行业组织协商承担。作为全国标准系统的一部分，这些标准许可相对申请进度快捷，程序简单，导则文件清晰扼要。然而，某些活动由于种种原因不在标准规定约束的范畴当中，就需要申请定制许可证。定制许可证当中包括了许可证持有者从事特定活动的适用条件，其申请和维护往往要花费更多的时间和费用。此外，对于一些环境影响较小的活动，英国允许将其登记为许可豁免。

英国有相当多的法律涉及到污染物排放限制。例如，在水体污染物排放方面，就有《水框架法》《淡水渔业法》《饮用水法》《危险物质条例》《洗浴水法》《硝酸盐法》《城市废水处理法》等。此外，在核电部门和其他一些行业，曾广泛采用的排放限制还包括最佳实用方法（Best Practicable Means，BPM）和最佳实用环境选择（Best Practicable Environmental Option，BPEO）。随着欧盟 IPPC 指令的推进和 IED 指令的生效，英国遵循欧盟的要求，对许可制度进行了修改。《环境许可条例》就先后对 IPPC 和 IED 指令进行了融合。与此相对应，一些原先的排放标准也逐步被 BAT 所取代。

2.2.3　德国排污许可证制度

在德国，环境保护一直是公众的主要关注点及政策制定的优先考虑对象。德国的许可证制度也开展的较早。1974 年，德国开始施行《空气污染、噪声、振动等环境有害影响预防行动》，其核心内容之一就是对颁发许可证的要求和程序等进行规定。此外，德国于 1964 年开始实施并在 1974 年、1983 年、1988 年和 2002 年多次修订的《空气质量控制技术指导》也规定了不同生产设施排放空气污染物的限值和措施要求，并重申了许可证颁发要求[12]。IPPC 指令颁布以后，德国的许可证颁发相关法律都开始遵照欧盟的要求，BAT 也被加入到德国法律之中，使得 IPPC 指令得到了良好贯彻。

德国的许可证制度是对 IPPC 指令的进一步加强。在德国，有 192 种不同类型的设施需要获取综合预防和控制许可证，这远远超过了 IPPC 指令的原本要求（33 种）。此外，IPPC 指令要求的是综合许可证，而德国发放的许可证是综合且集中的许可证。"集中"的意思是，许可证中集合了与设施相关的主管机构的其他决定。集中许可证中可以包括的内容有：①综合环境许可；②建设许可；③蒸汽锅炉使用及爆炸物处置的特别技术性许可；④与自然保护相关的批准；⑤铁路建设及运营的批准；⑥有害水源物质的处置及操作的批准等。

德国排污许可证适用的排放限制是"基本约束条例"（General Binding Rules，

GBR)。为了将 BAT 纳入排放标准，联邦政府环境部在制定和修正 GBR 时会考虑最佳可行技术参考文件 BREFs。具体来说，联邦政府环境部设立顾问委员会，定期评估新的 BREFs，审核这些文件对于排放限制的要求是否超出或能够补充现有的技术性准则中的要求，并决定现有 GBR 是否需要审核或更新。然而，与基于技术的标准不同，GBR 并未规定任何具体的技术，只是包含了必须满足的排放限值。尽管如此，由于 BAT 的加入，GBR 有时会为了确定污染控制或降低的具体水平而对具体的技术进行规定。

作为一个联邦制国家，德国各州的许可证申请和发放形式并不完全一致。德国的国家法律规定了申请许可需要提交的申请材料的范围，但是在国家层面上并没有标准的申请形式。只有在各个州的法规中，才有关于申请需要的文件以及应该如何陈列这些文件的详细指示。同时，在对许可程序做出规定的法规中，也有许可申请决策程序的相关规定。许可证的申请程序中有一些固定的期限，例如，书面提交许可申请后，申请文件的完整性必须在一个月内审核；在文件齐全后，决策必须在一个月内做出。值得注意的是，除了填埋场设施（每四年审核一次），在综合污染预防和控制许可中不会规定复审期限。而且，现在颁发的许可证都没有过期时限。

总体而言，德国的法律体系有力支撑着 IPPC 指令的实施，使得德国在贯彻指令中很少出现问题。截至 2005 年 6 月，IPPC 指令要求发放许可证的 8 068 项设施中，有 83% 已经得到了许可。

2.3　日本排污申报审查制度

为了防治大气污染，保护生活环境和国民健康，日本于 1968 年制定了《大气污染防治法》，之后历经多次修订，形成了排污申报审查制度。与许多国家的排污许可制度一样，排污申报审查制度涵盖了污染物排放限制与标准、污染源审查与管理、排污者监测和申报、事故处理与处置等各方面的要求。但是，排污申报审查制度并不会对污染源专门发放排污许可证。《大气污染防治法》主要对三类污染物的排放设置了详细要求：烟气、挥发性有机物、粉尘。此外，对于一些即便浓度很低但长期摄入也可能会损害健康的污染物，即所谓的"有害大气污染物"，《大气污染防治法》亦对各相关方的责任进行了规定，以推动其治理措施的发展。有害大气污染物共计 234 种，其中需要优先考虑治理对策的污染物 23 种，包括丙烯腈、苯、苯并[a]芘、二噁英、汞及其化合物等。以下以《大气污染防治法》中主要控制对象之一的烟气为例，对排污申报审查制度进行介绍。

烟气是指在物质燃烧过程中产生的硫氧化物、烟灰以及其他有害物质（包括镉及其化合物、氯、氯化氢、氟、氟化氢、氟化硅、铅及其化合物、氮氧化物等）。《大气污染防治法》将一定规模以上的 33 类设施定义为"烟气产生设施"。针对烟气设立的排放标准大致可以分为四类：①一般排放标准：由国家制定的所有烟气产生设施都需要遵守的排放标准；②特别排放标准：对于大气污染较为严重的地区，适用于新建的烟气产生设施的更为严格的标准（针对硫氧化物和烟尘）；③附加排放标准：对于一般排放标准或特别排放标准仍不能有效防止大气污染的地区，由都道府县（日本行政区划，类似中国的省、自治区、直辖市）的地方条例制定的更为严格的排放标准（针对烟尘和其他有害物质）；④总量管制标准：对于前述的各类排放标准仍难以确保环境质量达标的地区，适用于大规模企业的总量排放标准（针对硫氧化物和氮氧化物）。以这四类标准为基础，《大气污染防治法》对于烟气的管理规定主要可以分为六个方面：

（1）排放限值，以及改善、停用命令：《大气污染防治法》严禁排污者排放超标烟气。对于违反者，无论其是故意还是过失，都会被处以刑罚。同时，都道府县的行政长官对于可能会排放超标烟气的排污者，可以责令其改进烟气处理方法，或是暂停设施使用。

（2）新建、改建申报，以及计划变更命令：为了能够在事前采取必要的措施，每当有烟气产生设施需要新建或者改建，都要提前 60 天以上申报管辖的都道府县行政长官。行政长官对相关内容进行审查，当认为新、改建设施不能满足排放标准时，应在收到申报的 60 天内，责令其变更或者取消新、改建计划。

（3）监测义务以及现场审查：烟气的排放者必须对设施排放的烟气量和烟气浓度进行监测，并将结果进行记录。同时，为了检验排污者是否遵守排放标准，都道府县的工作人员可以对企业、工厂进行现场审查，或是要求其对必要的事项进行申报。

（4）事故状态下的处置措施：当发生故障、破损等事故，导致烟气或者特定物质（在合成、分解等化学反应中伴随产生，可能会对人体健康或者生存环境造成损害的物质，共计 28 种）大量排放时，排污者必须立刻采取应急措施，努力恢复原状，同时向都道府县行政长官通报事故状态。当行政长官认为事故可能会对周边区域的人体健康造成损害时，可以责令排污者采取其他必要的措施。

（5）经营者的义务：经营者必须掌握烟气控制相关措施的情况以及经营活动伴随的烟气排放状况，并为了抑制排放而采取必要的措施。

（6）紧急状态下的处置措施：当大气污染变得非常严重时，都道府县行政长官除了将事态进行公布以外，还可以对烟气的排放者要求削减排放量。

总体上，日本的排污申报审查制度的内容和其他国家的许可证制度的内涵一致，但也不是完全相同。首先，许可证制度控制方法往往更具综合性。其次，许可证制度利于强化监督管理，如对违法者可吊销或中止许可证。申报审查制度在法律形式要件方面具有柔性和弹性，不如许可证制度具有刚性和完备性。一般而言，许可证制度能更为严厉且更能有效地进行常规监督。为此，在日本一些地方的大气污染防治条例中，亦有明确规定实行许可证制度。

2.4 其他国家和地区许可证制度

2.4.1 加拿大排污许可证制度

加拿大的排污许可证作为实现各法规、政策、标准及工作目标的一种可操作的实施方式而存在。加拿大大部分环境法律都禁止向自然环境排放会产生"不利影响"的任何物质，除非排放得到了法规或者许可证的授权。所谓的"不利影响"涵盖了相当广的范围，例如扬尘、噪声等都被包括其中。因此，实际上几乎所有的工业设施都要获取许可证。在排污许可证规定项目中，还包括企业对执行排污许可证的承诺。许可证一般是由省级监管部门以"批准证明"或与其类似的形式进行发放的。其中，各个省依据自身法律，其许可证制度又各有不同。以下以较为典型的安大略省环境许可体系为例进行介绍。

安大略省实施环境许可的法律依据为《环境保护法》和《安大略水资源法》。这两部法都是安大略省自行颁布的法规。依照法律要求，任何向大气、土壤、水体排放污染物，或者存贮、运输、处置废物的企业，都要取得安大略环境部的环境批准或注册（Environmental Approval or Registration）。安大略省原先使用的环境批准形式为"批准证明"（Certificate of Approval，CofA）。自 2011 年，CofA 开始被"环境合规批准"（Environmental Compliance Approvals，ECA）和"环境活动及行业注册"（Environmental Activity & Sector Registry，EASR）所替代。EASR是一个在线注册系统，针对的是对环境和人体健康风险较小的活动，以及预先设置的操作规则可以适用的活动。当前，EASR 适用于和以下设施有关的活动：①汽车修理设施；②商业打印设施；③供热系统；④无害废物运输系统；⑤小型落地式太阳能设施；⑥备用电源系统。对于 EASR 不适用的活动，则需要申请 ECA。ECA 是一个综合性的许可，它涵盖了企业与空气、噪声、废物、污水相关的所有排放。ECA 会设定最大的污染物排放量，明确相关要求和监控、汇报义务。

安大略省将 EASR 和 ECA 并行的策略，使得污染程度不同的活动可以分开处理，在很大程度上减少了原先的许可负担，节省了许可成本。除了安大略省，加拿大其他省份也有着各自的许可体系。例如魁北克省，就要求向环境排放污染物的项目必须要获得魁北克可持续发展、环境和园林部发放的"授权证明"（Certificate of Authorization）。

2.4.2　澳大利亚排污许可证制度

与加拿大类似，澳大利亚各州都有其各自的环保法律和许可体系。这里将会着重对澳大利亚新南威尔士州的许可体系进行介绍。

新南威尔士州的许可体系是建立在该州《环境保护操作法》的基础上的。根据法律规定，州环保局向各类工业单位的所有者或经营者发放环境保护许可证。环境保护许可制度是控制新南威尔士州各类污染的核心手段，其主要目标包括：①保护、恢复和改善新南威尔士州的环境质量，维护生态可持续发展；②在环境保护中为公众介入和参与提供更多的机会；③确保居民社区有渠道了解实用的污染相关信息；④合理化、清晰化和强化环境保护管制框架；⑤改进环境保护立法的行政效率；⑥通过利用多种措施，减少对人体健康的风险，防止环境的恶化。

新南威尔士州的许可制度采用基于负荷的许可（Load-Based Licensing，LBL）方法。LBL 在设定污染物排放限额的同时，将许可费用和实际排放量结合起来。在 LBL 下，许可费用与实际排放量成正比，即实际排放量越高，许可费用越多。而一旦实际排放量超过排放限额，超出部分会收取双倍的许可费用。同时，LBL还为排污交易提供了基础平台。通过允许企业出售、购买排污量，排污交易可以有效实现对区域排污总量的控制。可以看出，LBL 采用了多种经济刺激方法来对企业的排放量进行管制，促进企业削减污染物。

自 2015 年起，州环保局将引入基于风险的许可（Risk-Based Licensing）体系。该体系旨在确保所有的持证者都受到了和其经营活动的环境风险相对应的管制水平，即企业的环境风险越高的持证者，其受到的管制水平也会越高。这样，州环保局就能对环境风险高而表现不佳的持证者集中更多的管理力量。同时，该体系还会对有改善环保表现的持证者提供经济激励。

州环保局还制定了战略合规审计计划（Strategic Compliance Audit Program），用来评估持证者如何遵守现有的要求，同时对各行业提供最佳实践经验，从而鼓励企业改善环保表现。总体来看，通过多种机制和方法的联合运用，澳大利亚新南威尔士州成功构建了一个卓有成效的环境许可体系。

2.5　国外排污许可证制度实施启示

美国、欧盟等发达国家均采用排污许可证制度来对污染源进行约束，实现对各类污染物的管控。在具体许可形式上，美国采用单项许可，欧盟等地则采用综合许可。综合许可有利于对企业实行统一管理，促进环境管理人员对企业环境行为的整体认识；单项许可有利于对单个要素开展精细化管理，但许可效率较低，且缺乏对企业的整体管控。事实上，美国国内也早有呼声，要求进行综合许可改革，以提高许可效率，加强管理效果。然而，对于已经习惯了并且投入了大量人力物力来维持当前许可体系的社会各界来说，改革的成本过于高昂而难以开展。对于我国的排污许可证制度建设来说，应当在综合考量、权衡利弊的基础上，对国外排污许可证制度进行借鉴。

1. 排污许可证制度内涵总结

国外的排污许可证制度虽然具体形式各异，但从内涵上来说，都是作为环境管理的核心手段，其主要目的都是利用排污许可证进行全周期、多方面、深层次的一证管理。

从管理的时段上来看，排污许可证覆盖了企业生命周期的各个阶段。美国排污许可证制度依靠建设许可证、运行许可证，分别对不同阶段的企业（新源还是现有源）进行管理；欧盟排污许可证制度则将生产活动结束之后的场地恢复也纳入排污许可证的管理范围。从企业的开工建设到最终消亡，排污许可证可以实现"从摇篮到坟墓"全过程式监管。

从管理的对象上来看，排污许可证综合了多种环境要素的污染行为规范。虽然美国由于法律框架等原因实行单项排污许可并成为实施典范，但从国际实践经验看，多数国家和地区采用综合许可证模式，其中欧盟是综合许可证制度的典型代表，排污许可证对大气、水体、土壤的污染同时进行管理；加拿大也将废水、废气、废物、噪声都列入了排污许可证管理范围。将多种环境要素中的污染行为在排污许可证中进行统一管理，一方面可以提高行政效率、减少申请负担，另一方面也可以对污染物在不同介质中的转移进行有效控制。

从管理的内容上来看，排污许可证提供了各项环境管理活动的整合平台。在各个国家排污许可证制度中，排污许可证都被定位为政府、企业、公众共同参与环境管理的平台，是整合各项环保制度的基础，也是展开各类环境管理行为的依据。以美国排污许可证制度为例，排放许可证制度不仅包括许可证的发放，也包括许可的技术标准、许可量的确定方法以及排放监测、排放报告制度。运行许可证集成了联邦、州、地方政府的各类污染环保要求，极大地方便了政府监管、企业守法、公众监督。

2. 排污许可证制度实施特点

为充分发挥排污许可证的职能，实现其监管效果，各个国家在排污许可证制度的实施上采用了多种手段，其中一些共通点和长处非常值得我们学习和借鉴。

第一，许可证制度的法律依据充分，规定详尽。各个国家或地区都有国家层面或者州层面的法律对许可证制度做出专门规定，为许可证制度的实施提供了有力的法律保障。例如美国的《清洁水法》和《清洁空气法》、英国的《环境许可条例》、澳大利亚新南威尔士州的《环境保护操作法》、日本的《大气污染防治法》都是各个国家或地区开展排污许可证制度的依据。法律的规定具体而详细，使得许可证制度容易操作和执行。

第二，许可的排放标准以技术为基础，细致且具有针对性。美国在制定排放标准方面投入了巨大的精力，在大气方面就有 NSPS、NESHAP（MACT 和 GACT）、RACT、BACT、LAER，水体方面有 BPT、BCT、BAT、BADT，这些全都是基于技术的标准，每套标准对各个行业都有分别规定，甚至 RACT/BACT/LAER 采用个案分析的原则逐个制定，可见其对于控制污染物排放的重视。欧盟也采用基于技术的 BAT 作为许可证的排放标准。基于技术的标准可以对各个行业的污染物排放进行更有针对性和适用性的控制，防止因为行业的减排能力不同而在标准遵守上出现不公平，并可以确保各行业都采用了与当时的技术条件相匹配的污染处理措施。

第三，许可的形式因污染源类型而异，增加制度灵活性的同时降低许可成本。美国对于新源，依照其排污量分类，排放量少的污染源只需获得小源许可，许可要求大幅简化。在加拿大安大略省，环境风险小的活动只需要进行在线注册，而不用向环境部申请综合许可。英国的许可证也分为标准许可证和定制许可证。对于受标准规定约束的活动，可以申请标准许可证，减少许可所需的时间和费用。这种分类管理的许可模式，既增加了许可证制度的灵活性，又给许可证申请和发放节省了成本，提高了许可效率。

第四，制定各种环境经济政策以促进排污许可制度的完善。排污许可证制度作为一项强制的环境管理措施，是改善环境管理的最直接手段，但是却存在执法成本高的问题。因而很多国家进而实行了一些环境经济政策用以补充排污许可证制度。美国的酸雨计划就是这方面的一个典型代表。它将酸雨许可证与排污权交易相结合，利用市场机制配置各个企业的二氧化硫排放限额，成功地以较少的成本实现了二氧化硫的排放控制。澳大利亚新南威尔士州也在排污许可证制度中结合了排污权交易。此外，它基于负荷的许可方法还对超额排污收取双倍许可费，也是利用经济杠杆调整污染排放的一种手段。

第五，注重各个地区在发展自身排污许可证制度方面的作用。美国和欧盟都是先在最顶层制定了排污许可证制度的基本要求，然后允许各个州或者各成员国根据自身情况制定本州或本国的排污许可证制度。加拿大和澳大利亚则直接由各省或各州来制定自身的排污许可证相关法律和制度。这样做的优点是，各地区往往对自身的状况更为熟悉与了解，因而可以制定出更有针对性、实施效果更好的许可证制度。然而，前提必须是各地区制定的许可证制度在自己辖区内具有较高的法律地位。

第六，严厉的惩罚措施为许可证制度顺利实施提供有力保障。为确保排污许可证制度的顺利实施，各个国家普遍采取了严厉的违法惩罚措施。例如，美国《清洁空气法》规定排污企业负责人对许可证要求的申请材料、监测记录、报告等相关材料的真实性、准确性和完整性负责，一旦发现作假，负责人将面临刑事责任。该规定使得执法机关获取证据更加容易，也对排污企业产生了巨大的震慑作用。此外，针对持续违法行为，不少国家采用了"按日计罚"方式。美国国家环保局和被授权的州可以做出行政命令、行政处罚和提起诉讼；对于不履行行政命令和行政处罚者，执法机构有权向联邦地方法院提起民事和刑事诉讼，法院对每件违法行为可处以每天最高 25 000 美元的民事罚款。《德国刑法典》明确规定，违法的罚金按天计算，根据违法程度和违法者的经济收入处以每天 2 万至 10 万德国马克的罚金。当设施违反许可条件且不遵守政府建议时，可以撤销许可而无须向企业做出补偿。对生物、健康造成危险的行为，可以处以刑罚。

第七，强化许可信息公开，保障公众参与。美国清洁空气法、欧盟综合污染防治指令均规定，排污单位在许可证申请、实施阶段的所有信息必须公之于众。为方便普通公众理解，欧盟还规定了许可证的申请材料中必须包括一份非技术性摘要。此外，为进一步公开环境信息，美国、加拿大、欧盟、日本等 20 多个国家都建立了污染物排放与转移登记制度，如美国有毒污染物排放清单（Toxic Release Inventory）、欧洲污染排放和登记制度（http：//prtr.ec.europa.eu/）。在有效保障公众的知情权的前提下，公众可对排污许可证制度进行监管。

发达国家的排污许可证制度为我国实施排污许可提供了良好的范例。国外实践经验表明，一个设计良好的排污许可证制度可以实现对污染源的有效管控，是提升环境管理水平的有力工具。我国的排污许可证制度应当在吸收和借鉴国外成功经验的基础上，结合自身的环境管理制度体系以及当前的环境监管能力、污染源排放状况等特点，进行细致的考量和设计，促进排污许可证制度管理效力的充分发挥。

参考文献

[1]　刘长松. 美国排放许可证管理制度的经验及启示[J]. 节能与环保，2014（3）：54-57.

[2]　EPA. FACT SHEET：New Source Review（NSR）. http：//www.epa.gov/oar/tribal/pdfs/ NSRBasicsFactSheet103106.pdf.

[3]　40 CFR Part 51，Requirements for Preparation，Adoption，and Submittal of Implementation Plans [S].

[4]　40 CFR Part 52，Approval and Promulgation of Implementation Plans [S].

[5]　EPA. Air Pollution Operating Permit Program Update：Key Features and Benefits. 1998. http：// www.epa.gov/oaqps001/permits/permitupdate/permits.pdf.

[6]　EPA. AIR EPA and State Progress In Issuing Title V Permits. 2002. http：//www.epa.gov/oig/ reports/2002/TitleV.PDF.

[7]　宋国君，钱文涛. 实施排污许可证制度治理大气固定源[J]. 环境经济，2013（11），21-25.

[8]　EPA. Water Permitting 101. http：//water.epa.gov/polwaste/npdes/basics/upload/101pape.pdf.

[9]　李挚萍. 论欧盟环境立法之融合——以污染防治立法为例[J]. 中国地质大学学报（社会科学版），2011，11（4）：43-49.

[10] Department of the Environment，Community and Local Government. Industrial Emissions Directive Regulatory Impact Analysis. 2012. http：//www.teagasc.ie/energy/news/pdf_files/industrial_emissions_directive_RIA.pdf.

[11] Department for Environment，Food and Rural Affairs. Environmental Permitting Guidance Core guidance For the Environmental Permitting（England and Wales） Regulations 2010. 2013. https://www.gov.uk/government/uploads/system/uploads/attachment_data/file/211852/pb13897-ep-core-guidance-130220.pdf.

[12] 环境保护部大气污染防治欧洲考察团. 欧盟污染物总量控制历程和排污许可证管理框架 [J]. 环境与可持续发展，2013（5）：8-10.

第3章

我国排污许可证制度实践

我国对于排污许可证制度的探索和实践始于 20 世纪 80 年代中期，并于 1989 年召开的第三次全国环境保护会议上将其正式确定为八项环境管理制度之一，可见该项制度对于防治环境污染、规范排污行为、促进依法行政等均具有极其重要的意义[1, 2]。但一直以来，由于法律支撑不足、制度定位不明确、缺乏科学设计和监管技术等原因，致使排污许可证制度的推进整体进展较慢，尚未发挥其真正的效用[3, 4]。

本章将对我国排污许可证制度的实践情况进行回顾分析，剖析我国近 30 年来在排污许可证制度探索道路上的主要问题、实践经验等。同时，考虑到排污许可证制度作为单项环境管理制度，对其实践路径的分析应放入整个环境管理制度体系中考虑，因此本章还将对现行的主要环境管理制度及其执行情况进行梳理评价，以此促进对排污许可证制度实践道路更为深刻的认识。

3.1 排污许可证制度实践分析

排污许可证制度作为国际通行的一项污染管理制度，是环境保护行政主管部门根据排污单位申请，经依法审查、许可其按照排污许可证载明的要求排放污染物，对排污行为进行约束的规范化管理制度[5]。从排污许可证制度的定义可知，排污许可证制度可以是对点源排污行为的持续、综合许可和动态监管。但是，当前我国对于排污许可证制度的探索和实践，往往尚未充分认识其内涵。本节将对排污许可证制度在我国的实践情况进行系统梳理和分析。

3.1.1 排污许可证制度在国家层面的推进

我国自 20 世纪 80 年代中期开始探索实施排污许可证制度。1988 年 3 月，国家环保局发布《水污染物排放许可证管理暂行办法》，首次对排污许可证管理制度进行了规定，该办法在第三章中对排污许可证的申领单位、形式以及总量控制指标等做了要求。以此为开端，《水污染防治法实施细则》《淮河流域水污染防治暂行条例》《大气污染防治法》《淮河和太湖流域排放重点水污染物许可证管理办法（试行）》《水污染防治法》等都陆续对排污许可证制度进行了相关规定，排污许可证作为污染物排放重要管理工具的地位逐渐得到体现。2014 年 4 月 24 日，新修订的《环境保护法》明确规定：国家依照法律规定实行排污许可管理制度。由此，排污许可证的地位得到了质的提升，排污许可证制度的全面推广被正式纳入国家层面实施议程。表 3-1 中列出了排污许可证制度在国家法律法规中的相关规定和实施历程。

表 3-1　排污许可证制度相关的国家法律法规

实施时间	文件名称	文号	相关规定
1988.03.20 生效 2007.10.08 失效	水污染物排放许可证管理暂行办法	国务院 [88]环水字第 111 号	第九条：各地环境保护行政主管部门结合本地区的实际情况，在申报登记的基础上，分期分批对重点污染源和重点污染物实行排放许可证制度 第十二条：地方环境保护行政主管部门，根据当地污染排放总量控制的指标核准排污单位的排放量。对不超出排污总量控制指标的排污单位，颁发《排放许可证》。对超出排污总量控制指标的排污单位，颁发《临时排放许可证》，并限期削减排放量
1989.09.01 生效 2000.03.20 失效	水污染防治法实施细则	国家环境保护局令第 1 号	第九条：企业事业单位向水体排放污染物的，必须向所在地环境保护部门提交《排污申报登记表》。环境保护部门收到《排污申报登记表》后，经调查核实，对不超过国家和地方规定的污染物排放标准及国家规定的企业事业单位污染物排放总量指标的，发给排污许可证。对超过国家或者地方规定的污染物排放标准，或者超过国家规定的企业事业单位污染物排放总量指标的，应当限期治理，限期治理期间发给临时排污许可证
2000.03.20 生效		国务院令第 284 号	第十条：县级以上地方人民政府环境保护部门根据总量控制实施方案，审核本行政区域内向该水体排污的单位的重点污染物排放量，对不超过排放总量控制指标的，发给排污许可证；对超过排放总量控制指标的，限期治理，限期治理期间，发给临时排污许可证 第四十四条：不按照排污许可证或者临时排污许可证的规定排放污染物的，由颁发许可证的环境保护部门责令限期改正，可以处 5 万元以下的罚款；情节严重的，并可以吊销排污许可证或者临时排污许可证

实施时间	文件名称	文号	相关规定
1995.08.08 生效	淮河流域水污染防治暂行条例	国务院令第183号	第十四条：在淮河流域排污总量控制计划确定的重点排污控制区域内的排污单位和重点排污控制区域外的重点排污单位，必须按照国家有关规定申请领取排污许可证，并在排污口安装污水排放计量器具 第十九条：持有排污许可证的单位应当保证其排污总量不超过排污许可证规定的排污总量控制指标
2000.09.01 生效	大气污染防治法	主席令第32号	第十五条：国务院和省、自治区、直辖市人民政府对尚未达到规定的大气环境质量标准的区域和国务院批准划定的酸雨控制区、二氧化硫污染控制区，可以划定为主要大气污染物排放总量控制区。主要大气污染物排放总量控制的具体办法由国务院规定。大气污染物总量控制区内有关地方人民政府依照国务院规定的条件和程序，按照公开、公平、公正的原则，核定企业事业单位的主要大气污染物排放总量，核发主要大气污染物排放许可证。有大气污染物总量控制任务的企业事业单位，必须按照核定的主要大气污染物排放总量和许可证规定的排放条件排放污染物
2001.10.01 生效	淮河和太湖流域排放重点水污染物许可证管理办法（试行）	国家环境保护总局令第11号	第三条：国家在淮河和太湖流域实施重点水污染物排放总量控制区域实行排放重点水污染物许可证制度 第五条：排污单位必须按照本办法的规定申请领取排放重点水污染物许可证（以下简称排污许可证），并按照排污许可证的规定排放重点水污染物。禁止无排污许可证的排污单位排放重点水污染物 第十条：排污许可证分为《排放重点水污染物许可证》和《临时排放重点水污染物许可证》。排污许可证分为正本、副本，具有同等效力 第十八条：违反本办法规定，无排污许可证排放污染物的，由所在地县级以上环境保护行政主管部门责令限期改正，可并处三万元以下罚款
2008.06.01 生效	水污染防治法	主席令第87号	第二十条：国家实行排污许可制度。直接或者间接向水体排放工业废水和医疗污水以及其他按照规定应当取得排污许可证方可排放的废水、污水的企业事业单位，应当取得排污许可证；城镇污水集中处理设施的运营单位，也应当取得排污许可证。排污许可的具体办法和实施步骤由国务院规定。禁止企业事业单位无排污许可证或者违反排污许可证的规定向水体排放前款规定的废水、污水
2015.01.01 生效	环境保护法	主席令第9号	第四十五条：国家依照法律规定实行排污许可管理制度。实行排污许可管理的企业事业单位和其他生产经营者应当按照排污许可证的要求排放污染物；未取得排污许可证的，不得排放污染物

3.1.2   排污许可证制度的地方实践进展

在地方试点和实践方面，排污许可证制度也积累了较为丰富的经验。早在1985年，上海市就开始在黄浦江上游水资源保护地区实行以污染物排放总量控制为目的的排污许可证制度。1986年2月，上海市政府专门颁布了《上海市黄浦江上游水源保护条例》，首次在地方立法中对总量控制下的排污许可证制度进行了规定。1988年，在《水污染物排放许可证管理暂行办法》的发布基础上，国家环保局选定上海、北京等17个城市和山东小清河流域开展试点工作。1991—1994年，国家环保局在16个重点城市进行了主要大气污染物排放总量控制和排污许可证管理的试点工作。2004年，国家环境保护总局又在河北省唐山市、辽宁省沈阳市、浙江省杭州市、湖北省武汉市、广东省深圳市、宁夏回族自治区银川市等地区开展了排污许可证综合试点工作。

随着排污许可证制度试点工作的逐步推进，各地也积极出台了排污许可证制度相关管理文件。截至目前，各地在其出台的地方性环境保护法规中，往往都对排污许可证制度有所涉及，对其做了相关规定，具体见表 3-2 所列。同时，多数省级行政区都已经将排污许可证管理纳入地方性规章，并制定了专门的规范性文件。据调查，截至2014年3月，我国已有26个省（包括直辖市）专门针对排污许可证制度制定了暂行办法或暂行规定，具体见表 3-3 所列。

3.1.3   典型省市实践案例

根据对我国排污许可证制度实践情况的总体调查，拟选取上海、浙江和广东等三个颇具实践特色的地区作为案例来进行讨论。理由如下：国内的排污许可证制度始于上海，上海市排污许可证制度的发展好与坏，直接关系对该制度的评价；再则上海市排污许可证制度的发展过程是我国排污许可证制度发展的一个缩影，有助于吸取失败教训和成功的经验。浙江、广东在排污许可证制度的实践发展方面较为迅速，颁布了相关的法规，也较具有代表性。以上三个地区在排污许可证制度的实践方面既有共同点也有区别，有助于对我国排污许可证制度的具体实践开展比较分析和研究。

表 3-2　排污许可证制度相关的地方性法规

实施时间	文件名称	文号	相关规定
1997.12.03	湖北省环境保护条例（1997 修订）	湖北省第八届人民代表大会常务委员会第 31 次会议修改	第十九条：在工业集中、排污量大的地区，流域和环境质量要求高的区域，实行污染物排放总量控制。总量控制区域内排放污染物的单位和个体工商户，必须向所在地环保部门申领排污许可证。环保部门对不超过规定的排污控制指标的，颁发排污许可证；超过控制指标的，颁发临时排污许可证，并限期削减污染物排放量。环保部门应当自接到申领排污许可报告起一个月内予以办理。排放污染物的单位和个体工商户，必须按照排污许可证和临时排污许可证的规定排放污染物
2007.09.01	云南省抚仙湖保护条例	云南省人大常委委员会第 57 号	第二十二条：项目建设应当执行环境影响评价制度，坚持污染治理设施、节水设施、水土保护设施与主体工程同时设计、同时施工，同时投产使用制度和排污许可制度
2008.07.01	云南省景东彝族自治县环境保护条例	云南省第十一届人民代表大会常务委员会第二次会议批准	第十二条：自治县实行排污许可证制度。排放污染物的企业、事业单位和个体工商户，向县环境保护行政主管部门申报登记，领取排污许可证，并按期缴纳排污费
2008.08.01	吉林省松花江流域水污染防治条例	吉林省第十一届人民代表大会常务委员会公告第 2 号	第十三条：直接或者间接向水体排放工业废水和医疗污水以及其他按照规定应当取得排污许可证方可排放的废水、污水的企业事业单位和城镇污水集中处理设施的运营单位，应当取得排污许可证。排污许可证要求排放水污染物，禁止企业事业单位无排污许可证或者违反排污许可证的规定向水体排放前款规定的废水、污水
2008.12.01	无锡市水环境保护条例（2008 修订）	无锡市第十四届人民代表大会常务委员会公告第 2 号	第十一条：按照国家规定实行排污申报登记和排污许可证制度；禁止无排污许可证或者不按照排污许可证的规定排放污染物

实施时间	文件名称	文号	相关规定
2010.01.01	深圳经济特区环境保护条例（2009修订）	深圳市第四届人大常委会公告第110号	第二十四条：生产经营活动中向环境排放废水、废气、噪声等污染物的法人、其他组织和个体经营者（以下简称排污者），应当依法向环境保护部门申领排污许可证。但法律、法规另有规定的除外。有废水、废气、噪声等污染物排放的新建项目投入试运行的，项目建设单位应当向环境保护部门申领临时排污许可证。未取得排污许可证或者排污许可证被依法吊销的，不得排放污染物。排污许可证和临时排污许可证实施定期检查。排污许可证的具体实施办法由市政府另行制定 第二十五条：排污许可证和临时排污许可证为排放各类污染物的综合性许可证。排污许可证应当载明持证人排放污染物的种类、数量、浓度、排放方式以及削减目标等内容。临时排污许可证还应当载明排污者在有效期内分阶段达到的污染治理目标。排污者应当按照排污许可证和临时排污许可证的规定排放污染物
2010.09.25	天津市环境保护条例（2010修订）	天津市第十五届人民代表大会大会常务委员会第19次会议	第二十三条：实行排污总量控制和排污许可证制度。排污许可证的范围、种类、条件、程序按照国家和本市有关规定执行
2011.02.01	上海市环境保护条例（2011修订）	上海市人民代表大会常务委员会公告第43号	第十六条：本市对主要污染物实行排污许可证制度。排放主要污染物的单位，应当按照国家和本市的规定，向市或者区、县环保部门申请排污许可证，并按照排污许可证实施的具体要求排放主要污染物。无排污许可证的，不得排放主要污染物。排污许可证实施的具体范围和核发程序，按照国家、县人民政府可以委托下级环保部门核发。其中，大气主要污染物排放许可证应当载明允许排放的主要污染物种类和数量，执行的污染物排放标准、条件和污染控制要求 第四十条：未取得排污许可证排放主要污染物的，由市或区、县环保部门责令停产；未按照排污许可证的规定排放主要污染物的，由颁发许可证的环保部门责令限期治理有关的。限期治理期限届满，排污单位经限期治理届满，排污单位经验收核查未完成治理任务的，被市或者区、县人民政府责令关闭的企业，按规定的规定处理。其中，有关法律、法规规定注销其排污许可证，有关部门应当依法注销其排污许可证

实施时间	文件名称	文号	相关规定
2013.01.01	陕西省渭河流域管理条例	陕西省第十一届人民代表大会常务委员会公告第 64 号	第二十八条：直接或者间接向水体排放工业废水、医疗污水和国家规定的企业事业单位应当取得排污许可证。排污许可证由省环境保护行政主管部门制定。禁止违反排污许可证载明排放污染物的种类、浓度、总量、去向等内容，具体管理办法由省环境保护行政主管部门制定
			第六十四条：违反本条例第二十八条规定，未取得排污许可证、伪造排污许可证、持过期排污许可证或者排污许可证已被撤销、吊销、注销，排污单位排放污染物的，由环境保护行政主管部门责令停止排放污染物，处一万元以上十万元以下罚款
2013.01.01	云南省滇池保护条例	云南省人大常委会公告第 67 号	第二十四条：滇池保护范围内实行排污许可证制度。禁止无排污许可证或者违反排污许可证的规定直接或者间接向水体排放废水、污水
2013.04.01	湖南省湘江保护条例	湖南省第十一届人民代表大会常务委员会公告第 75 号	第二十一条：建立健全湘江流域重点水污染物排放总量控制、排污许可、水污染物排放监测和水环境质量监测等水环境保护制度
			第三十八条：直接或者间接向湘江流域水体排放水污染物的企业、事业单位和个体工商户，应当依法向县级以上人民政府环境保护行政主管部门申请排污许可证并达标排放。禁止无排污许可证或者违反排污许可证规定排放污染物。

表 3-3　各省省级行政区排污许可证制度管理规范性文件比较

序号	省市	文件名称	年份	管理	排污登记制度	许可申请		发证范围	有效期限		排污权交易	法律责任	监督管理
						申请条件	审核原则		许可证	临时许可证			处罚
1	河北	河北省排放污染物许可证管理办法（试行）	2007年9月	省市二级发放，省市县三级管理	有	污染物稳定达标排放且不超过总量指标，近三年来没有发生重大污染事故；没有群众举报超标排放；新建企业正式通过环保验收的，发放正式排污许可证；排放污水、废气中有一项污染因子不达标的，发放临时排污许可证	浓度控制与总量控制相结合	排放水、气污染物的排污单位	3年	最长1年	—	主要针对排污单位	无具体处罚措施
2	山西	山西省排放污染物许可证管理办法；山西省环境保护厅关于进一步加强排污许可证管理工作的通知	2004年1月、2014年1月	省市（县）二级发放，省市县三级管理	—	申请排污许可证：环评文件经环保部门批准；生产工艺、技术政策要求；具有相配套的污染治理设施和处理能力，以及环境管理能力；规范化设置排污口，安装污染源自动监控设施，并联网；临时排污许可证：环评文件经环保部门批准；生产试准试生产	总量控制	排放水、气污染物的排污单位	3年	最长1年	—	针对排污单位，监管人员	根据不同情况，对排污单位责令停止排污、限期办理排污许可证、罚款、关闭及停产，构成犯罪的依法追究刑事责任

序号	省市	文件名称	年份	管理	许可申请			发证范围	有效期限		排污权交易	监督管理	
					排污登记制度	申请条件	审核原则		许可证	临时许可证		法律责任	处罚
3	内蒙古	内蒙古自治区排放污染物许可证管理办法（试行）	2008年1月	分级管理	有	污染物达到排放标准；按规定设置排污口；有污染防治设施运行规程和运行维护方案；符合总量控制要求；重点排污单位已安装排放自动监控设施；排污申报登记；缴纳排污费；有较完善的内部环境管理规章制度	浓度控制与总量控制相结合	排放水、气污染物的排污单位	最长3年	最长1年	—	针对排污单位，监管人员	根据不同情况，对排污单位责令停产、停闭、关闭，止排污、罚款，吊销许可证，追究刑事责任等；对行政单位责令改正、赔偿、行政处分及追究刑事责任等
四川	四川	四川省污染物申报登记和排放许可管理办法，水污染物排放许可证管理暂行办法	2008年5月，2007年5月	省市县三级发放，三级管理	有	—	浓度控制与总量控制相结合	排放水、大气污染物、噪声以及固体废弃物的一切排污单位	3年（水5年）	限期治理达标期限（水最长2年）	—	主要针对排污单位	根据不同情况，对排污单位罚款（水）

序号	省市	文件名称	年份	管理	许可申请			发证范围	有效期限		排污权交易	监督管理	
					排污登记制度	申请条件	审核原则		许可证	临时许可证		法律责任	处罚
5	辽宁	辽宁省污染物排放许可证管理暂行办法（征求意见稿）		省市县三级发放、三级管理	—	临时许可证：环评、污染防治设施、实施和装备；环境应急预案、实施和排放、超标排放，并责令限期整改临时许可证，颁发临时许可证；排污许可证：符合产业政策、污染防治设施、规范化的排污口、安装自动监测仪示联网、符合环境功能区标准和总量控制要求、有环保管理制度和污染防治措施、环保诚信信息、生产经营资质、依法缴纳排污费等	总量控制	直接或间接向环境排放污染物的企业、事业单位、其他组织和个体经营者	3年	最长1年	有具体说明	针对排污单位、监管人员	根据不同情况，责令治理、注销、撤销许可证、罚款等；对行政单位和责任人责令改正、行政处分及追究刑事责任等
6	山东	关于排污许可证使用和管理有关问题的通知	2007年4月	省市县三级发放、三级管理	有	排污申报登记、治理达标验收、通过竣工验收、原申领的许可证	总量控制	排放水、气污染物和环境噪声的排污单位	2年	最长1年	—	主要针对排污单位	无具体处罚措施

序号	省市	文件名称	年份	管理	许可申请			发证范围	有效期限		排污权交易	监督管理	
					排污登记制度	申请条件	审核原则		许可证	临时许可证		法律责任	处罚
7	浙江	浙江省排污许可证管理暂行办法（试行）、浙江省排污许可证管理暂行办法实施细则（试行）	2010年7月、2010年12月	省市县三级发放	—	通过环保竣工验收；有相关环保管理制度及技术、管理人员；有污染事故应急方案及所需的设施和物资；属于重点排污单位，安装自动监测监控设备；取得排放总量控制指标	浓度控制应和与总量控制相结合	排放主要大气污染物且经依法核定排放量的；排放工业废水、医疗废水、规模化畜养殖污水、餐饮污水及运营城乡污水集中处理设施与排污单位排放工业废水COD超过10千克，或2吨/时以上（含）燃煤锅炉或相当规模工业窑炉的工业排污单位（A证日发证；其余发放B证）	5年	最长1年	有具体说明	针对排污单位、排污许可证、环保部门及其工作人员	根据不同情况，责令排污单位停止排污、限期补办排污许可证、污许可证限期改正、限期改正等；对行政单位责令改正、行政处分及追究责任人责任及行政处罚刑事责任等

序号	省市	文件名称	年份	管理	许可申请				有效期限		监管管理		
					排污登记制度	申请条件	审核原则	发证范围	许可证	临时许可证	排污权交易	法律责任	处罚
8	江西	江西省水污染物排放许可证实施方案	2004年9月	省市县三级发放、三级管理	有	排污许可证：依法设立，且正常状态下排放主要水污染物；达到国家和地方规定的排放标准；排污总量在总量控制指标内；生产工艺和设备符合产业政策　临时排污许可证：依法设立，且正常状态下排放主要水污染物，超过国家和地方规定的排放标准，被依法责令限期治理；新建、改建、扩建项目的环保设施已经建成并进行试生产	总量控制	排放主要水污染物的单位和个体工商户，重点是省、市、县环保部门确定的重点污染源和新、扩、改建项目	3年	最长1年	一	针对排污单位	对无证排污或违规排污的，按《水污染防治法实施细则》和《水污染物排放许可证管理暂行办法》的有关规定给予处罚，并将有关情况及时报上一级环保局

序号	省市	文件名称	年份	管理	许可申请				有效期限		排污权交易	监督管理	
					排污登记制度	申请条件	审核原则	发证范围	许可证	临时许可证		法律责任	处罚
9	湖北	湖北省实施排污许可证暂行办法	2008年10月	省市县三级管理，市县二级发放	有	有合法的生产经营资质；符合产业政策要求；执行了环评和"三同时"制度；有相应的污染防治设施和污染物处理能力，符合污染物排放浓度和总量控制指标的要求；涉危企业有应急预案、设施和装备；已安装自动化的排污口、监控仪器；依法缴纳排污费	浓度控制与总量控制相结合	直接或间接向环境排放水、气污染物的法人、其他组织和个体经营者；向城镇污水集中处理设施或者工业废水集中处理设施排放污染物的排污单位、城镇污水或工业废水集中处理设施的运营者	3年	最长1年	—	针对排污单位、主管部门	根据不同情况，对行政单位和责任人责令改正、行政处分及追究刑事责任等；责令排污单位限期整改、吊销和撤销排污许可证等处罚
10	湖南	湖南省排污许可证管理暂行办法	2004年1月	省市县三级发放和管理	有	—	浓度控制与总量控制相结合	排放污染物的排污单位	3年	最长1年	—	无具体法律责任	无具体处罚措施

序号	省市	文件名称	年份	管理	排污登记制度	许可申请		发证范围	有效期限		排污权交易	监督管理	
						申请条件	审核原则		许可证	临时许可证		法律责任	处罚
11	广东	广东省排放污染物许可证管理办法、广东省排污许可证实施细则	2014年4月、2009年12月	省市县三级发放和管理	有	环评文件经批准或重新审核同意；有污染防治设施和污染物处理能力；制定污染事故应急方案；配备相应的排污申报登记的设施、装备；设置排污口；符合环境功能区划和所在区域污染物排放总量控制指标的要求；安装污染源自动监控设施，并联网	浓度控制与总量控制相结合	排放大气污染物；排放工业废水、医疗污水以及含重金属、病原体等有毒有害物质的其他废水和污水；城镇、工业园区或者开发区等运营者集中处理设施；经营规模化畜禽养殖场的排污单位	5年	最长1年	有具体说明	针对排污单位、主管部门	根据不同情况，责令排污单位停止排污、停产停业、限期改正、吊销排污许可证、罚款及追究刑事责任；对行政人员给予处分及追究刑事责任等
12	云南	云南省排放污染物许可证管理办法（试行）	2001年11月	省市县三级发放和管理	有	—	浓度控制与总量控制相结合	在生产及经营活动中排放污染物的法人、其他组织和个体工商户	5年	最长1年	—	针对排污单位、主管部门	无具体处罚措施
13	贵州	贵州省污染物排放申报登记及污染物排放许可证管理办法	2008年8月修正	省市县三级发放和管理	有	—	总量控制	排放污染物的排污单位（排放放射性废物、生活垃圾、建筑垃圾和城市交通噪声除外）	3年	最长1年	—	针对排污单位	无具体处罚措施

序号	省市	文件名称	年份	管理	许可申请				有效期限		排污权交易	监督管理	
					排污登记制度	申请条件	审核原则	发证范围	许可证	临时许可证		法律责任	处罚
14	青海	青海省实施排放污染物许可证管理暂行办法	2005年11月	省市县三级发放和管理	有	—	总量控制	排放水、大气污染物、固体废弃物、噪声污染的排污单位	3年	最长1年	—	无具体法律责任	无具体处罚措施
15	陕西	陕西省污染物排放总量与污染物排放许可管理办法、陕西省排放污染物许可证管理制度（暂行）	2012年6月、2007年9月	省市二级发放	—	符合国家产业政策和环保法律法规；排污口符合国家规范要求；污染物达标排放达到总量控制的要求；排污口安装在线监测仪器，并通过有效性审核	总量控制	排放水、气污染物的排污单位	3年	最长1年	—	针对排污单位、主管部门	根据不同情形，对排污单位给予吊销、注销排污许可证等处罚；对行政责任人员给予行政处分等
16	上海	上海市污染物排放许可证管理规定、上海市主要污染物排放许可证管理办法	2000年9月、2012年12月	市区二级发放和管理	有	工商营业执照；符合产业政策要求；排放污染物符合环境功能区和排放标准的要求；已取得环评文件；有污染防治设施和相应的污染物处理能力及相应技术能力管理制度；安装污染物排放自动监控仪器；编制应急预案	浓度控制与总量控制相结合	排放水、大气主要污染物的市、区（县）级重点监管排污单位	5年	最长2年	—	针对排污单位和主管部门	无具体处罚措施，规定了相关的权利和义务

序号	省市	文件名称	年份	管理	许可申请				有效期限		排污权交易	监督管理	
					排污登记制度	申请条件	审核原则	发证范围	许可证	临时许可证		法律责任	处罚
17	北京	北京市排放污染物管理暂行规定	1997年6月	市区二级发放和管理	有	—	浓度控制与总量控制相结合	在环境统计范围内其主要污染物排放总量占全市排污总量90%以上的市属工业企业；锅炉吨位在10 t/h（7MW）以上或总台数为4台以上的供热锅炉房	5年	最长3年	有具体说明	主要针对排污单位	未按规定排放污染物的，撤消排污许可证，并限期改正
18	天津	天津市水污染物排放许可证管理办法（试行）	2007年4月	市区二级发放和管理	有	依法履行排污申报登记手续；符合重点水污染物排放总量控制的要求	总量控制	排放水污染物的排污单位	2年	最长1年	—	针对排污单位	根据不同情形给予限期改正、吊销许可证、罚款等
19	重庆	重庆市排放污染物许可证管理办法（试行）	2002年1月	市区二级发放和管理	有	对排污口进行规范化整治、编号、建档并登记造志，重点排污单位，其排污口还必须安装自动监控装置	总量控制	排放水、大气污染物、固体废弃物的排污单位	3年	最长2年	—	针对排污单位、监管人员	无具体处罚规定

序号	省市	文件名称	年份	管理	许可申请			发证范围	有效期限		排污权交易	监督管理	
					排污登记制度	申请条件	审核原则		许可证	临时许可证		法律责任	处罚
20	新疆	新疆维吾尔自治区关于《水污染物排放许可证管理暂行办法》的实施细则	2004年8月	—	有	排污口必须编号，设立标志，并按要求配备计量装置	浓度控制与总量控制相结合	排放水污染物的排污单位	5年	最长2年	有具体说明	针对排污单位、主管部门、监管人员	根据不同情形给予排污单位中止、吊销许可证、罚款、加倍收缴排污费等处罚
21	宁夏	宁夏回族自治区环境保护局关于开展排放污染物许可证管理工作的通知	2007年1月	省市县三级发放和管理	有	符合国家和地方法律法规；达到国家或者地方排放标准；符合污染物排放总量控制要求	总量控制	排放污染物的排污单位	3年	最长1年	—	主要针对排污单位	根据不同情形给予排污单位限期补办、改正、关闭或停产等处罚，构成犯罪依法追究刑事责任；对行政主管部门工作人员给予行政处分
22	福建	福建省排污许可证管理办法	2014年9月	省市县三级发放和管理	有	环评文件经批准；通过该工环保验收；申请临时许可证的具备试生产条件；安装污染源自动监控设施并联网；制定应急预案；按照标准和技术规范设置排污口	浓度控制与总量控制相结合	排放大气污染物；直接或者间接排放工业废水、医疗污水、畜禽养殖水、运营城乡污水集中处理设施的排污单位	5年	最长1年	有具体说明	针对排污单位、主管部门	根据不同情形给予排污单位注销排污许可证、责令限期整改、罚款等处罚；对行政主管部门工作人员给予行政处分。构成犯罪依法追究刑事责任

序号	省市	文件名称	年份	管理	许可申请			发证范围	有效期限		监督管理		
					排污登记制度	申请条件	审核原则		许可证	临时许可证	排污权交易	法律责任	处罚
23	黑龙江	黑龙江省松花江流域及其他重点污染源临时排污许可证发放实施方案	2009年10月	省县二级发放和管理	有	有污染防治设施，设置排污口，排放污物达到排放标准，进行排污申报登记；有污染防治设施运行规程和运行维护方案，有应急预案并配备相应的设施和器材，有规范化的管理规章制度；安装排放污染物排放效果自动监控装置；依法缴纳排污费	总量控制	向松花江流域排放水污染物的排污者及其他重点污染源	—	至2010年12月31日止	有具体说明	无具体说明	无具体处罚措施
24	江苏	江苏省排放水污染物许可证管理办法	2011年7月	市县二级发放和管理	有	符合产业政策以及行业发展规划要求；环评文件经批准，并通过"三同时"竣工验收；污染防治设施、处理能力、污染物排放符合国家和地方规定的标准与要求；排污口设置合相关规定；重点排污单位安装在线自动监测设备，并联网；制定相应的应急预案，配备相应的应急设施、装备、物品	浓度控制与总量控制相结合	直接或者间接向水体排放工业废水和医疗污水的企业事业单位以及城镇污水集中处理设施运营单位	3年	最长1年	有具体说明	针对排污单位、主管部门，	根据不同情形对环保行政主管部门、行政处分等处罚，涉嫌犯罪移交司法机关处理。单位责令停止排污、责令限期改正、吊销排污许可证、封堵排污口、罚款等处罚

序号	省市	文件名称	年份	管理	许可申请				有效期限		排污权交易	监督管理	
					排污登记制度	申请条件	审核原则	发证范围	许可证	临时许可证		法律责任	处罚
25	河南	河南省排污许可证分级管理办法	2014 年 2 月	省市县三级发放和管理	有	环评文件经批准或审核同意；污染防治设施经验收合格；有相应环境管理制度和技术能力；安装自动监控设施；排放污染物符合环境功能区和总量控制指标的要求；有应急预案和设施；有生产经营的合法资质；设置规范化的排污口	浓度控制与总量控制相结合	向环境排放大气污染物应当申领排污许可证；直接或间接向水体排放工业污水和医疗污水以及含重金属、放射性物质、病原体等有毒物质的其他污水；集中式污水处理厂；达到国家规定规模的畜禽养殖场、养殖小区	2 年	最长 1 年	有具体说明	针对排污单位、主管部门、监管人员	根据不同情形给予排污单位限期整改、注销、撤销排污许可证等处罚；对环保行政主管部门责令改正、行政处分等处罚；涉嫌犯罪移交司法机关处理。无证排污、逾期未补办、超过许可证规定减少污染物排放的，依照《河南省污染物排放条例》规定进行处罚
		河南省排放污染物许可证管理暂行办法	2010 年 4 月										

序号	省市	文件名称	年份	管理	排污登记制度	许可申请		发证范围	有效期限		排污权交易	法律责任	监督管理
						申请条件	审核原则		许可证	临时许可证			处罚
26	甘肃	甘肃省排污许可证管理办法、甘肃省排污许可证管理办法实施细则（试行）	2013年5月	省市县三级发放和管理	有	环评文件经审核同意；污染防治设施经验收合格；生产能力、工艺、设备、产品符合产业政策要求；有相应的管理制度和技术能力，运营单位有运营资质证书；安装自动监控设备并联网；排放污染物符合环境功能区和总量控制指标的要求；有应急预案和设施、装备；有生产经营的合法主体资格，经营资格和资质；设置规范化的排污口	浓度控制与总量控制相结合	排放大气污染物的；排放工业废水、医疗污水和餐饮污水的；运营城乡污水和工业废水集中处理设施的；经营规模化畜禽养殖场和养殖小区的企事业单位和个体经营者	3年	最长1年	有具体说明	针对排污单位、行政主管部门及其工作人员	根据不同情形给予排污单位限期改正、罚款；对环保部门责令改正、行政处分等处理，涉嫌犯罪移交司法机关处理

1. 地方案例一：上海市排污许可证制度实践情况

（1）上海市排污许可证制度实践过程

①上海市闵行区排污许可证试点起步阶段。上海市闵行区是全国第一个实施排污许可证制度的试点区。1985 年，上海市颁布的《上海市黄浦江上游水源保护条例》中规定：在上游水源保护地区实施排污总量和浓度控制相结合的管理办法，由环保部门颁发排污许可证，无证单位不得排放工业废水。区环保部门于当年 9 月开始进行发证工作，至 1986 年 1 月 23 日，区内排放工业废水 1 t 以上的 69 个企事业单位全部向区环保办提出排污申报和申请。区环保办确定 54 个单位为需持证排污的单位，其中上海焦化厂、上海吴泾化工厂等排污大户，由市环保局发证。为实现达到总量控制的目的，闵行区在 1998 年，通过把排污总量分配给各企事业单位后，开展排污总量有偿转让的试点，并在 1988 年 6 月区环保办签发了第一份排污指标有偿转让合同。1999 年，全区在全面实现国家和上海市下达的"九五"主要工业污染物总量控制目标的基础上，提出 2000 年进一步削减主要工业污染物排放总量。"九五"期间，全区 SO_2 排放总量削减 18.9%，烟尘削减 42.7%；粉尘削减 93.2%，COD 削减 53.9%。

②排污许可证制度实施的徘徊时期。通过闵行区前期的试点，证明排污许可证制度作为一项环境管制措施在污染物排放控制、环境治理和完成国家总量减排的目标责任方面发挥着重要作用。为保证排污许可证全面推行，上海市颁发了《上海市污染物排放许可证管理规定》，进一步对排污许可证制度进行了规范，为排污许可证制度的深入实施提供了依据。通过与总量减排目标相结合，实行市、区环保局分级管理的模式，1992—2002 年十年间，上海市总共发证 3 167 家。但是，2002 年以后上海市环保局却未发一证，上海市排污许可证制度也自此止步，排污许可证制度在上海的实践进入徘徊时期。

③上海市排污许可证制度实施的再回归。排污许可证制度中断将近 10 年后，2011 年，上海市环保局再次谋求在环境治理方面实现制度性突破，开展对区域和产业开展规划环评，以及对排污单位实行排污许可证制度管理。同时，排污许可证制度也被重新界定，出现了以下几个方面的变化：

首先，环保治理思想与原则的转变。在指导思想和原则上，上海力图突出生态文明引领和"六个转变"。"六个转变"即战略上从末端治理向源头预防、优化发展转变；战术上从单项、常规控制向全面、协同控制转变；工作重点上从重基础设施建设向管建并举、长效管理转变；区域重点上从以中心城区为主向城乡一体、区域联动转变；推进手段上从以行政手段为主向综合运用经济、法律、技术和必要的行政手段转变；组织方式上从政府推动为主向全社会共同参与转变。"六个转变"推动和促进了对排污许可证制度的价值功能的再认识和重新理解。

其次，排污许可证制度的目标的转变。上海市环保局试图把排污许可证作为管理主体和核心，要求企业严格按照许可证进行排放。推进重点企业排污许可制度，制定排污许可证分阶段核发计划。新的发展目标提升了排污许可证制度的管理地位，有利于引导制度向正确的方向发展。

再次，排污许可证的配套措施更加完善。上海市从四个方面入手完善和加强了配套措施的建设：一是强化环境准入和推进结构调整。严格实施"批项目，核总量制度"，持续推进工业企业向 104 个工业区块集中。以中心城区、水源保护区、沿江沿河以及人口密集区等敏感区域为重点，运用环境标准、经济政策等手段逐步推进 104 个工业区块以外区域的产业结构调整；二是资金保障。环保投入占上海市 GDP 的 3%以上，上海目前每年环保投资占同期生产总值的 3%以上，"十一五"期间，全市环保投入累计达 2 000 多亿元；三是强化约束性指标的管理。"十二五"期间，除完成国家四项约束性指标（COD、氨氮、SO_2、氮氧化物），针对上海环境特点，上海市环保局还增加总磷和 VOC 两项总量控制指标；四是加强省级合作机制。推动与江苏、浙江的环境合作与交流，科学编制区域大气污染联防联控规划，全面加强区域联防联控，全力推动大气污染防治向多因子、全方位、区域协同控制转变，改善区域灰霾、酸雨污染状况，促进区域经济与环境的可持续发展。

（2）上海市排污许可证制度实施的亮点及存在的问题

①主要亮点

第一，以机构整合提升管理效率。上海市环保局 2010 年 10 月 18 日下发了《关于成立上海市主要污染物许可证核发和管理领导小组的通知》（沪环保总[2010]387 号），专设了"排污许可证工作组"来实施排污许可证的管理工作。工作组成员包括上海市环境监测站、上海市环境监察总队、上海市环科院、上海市环境保护信息中心相关工作人员，作为上海市主要污染物排放许可证管理工作的纽带，三年期间编制出台了《上海市主要污染物排放许可证管理办法》《上海市主要污染物排放许可证总量核定办法》《上海市主要污染物排放许可证"三监联动"管理工作规范》《上海市主要污染物排放许可证核发与管理工作指南》等相关文件规范，有效地推动了许可证工作的实施。

第二，分阶段实施，服务型管理。上海市许可证管理采取名单制，由市环保局根据管理工作需要，定期会同各区（县）环保局制定排污许可证申领名单，并向社会公布。"十二五"期间分成三个阶段进行推进。第一阶段为 2012 年 10 月—2012 年 12 月，完成本市面上第一批排污许可证大气主要污染物总量减排重点单位核发，核发对象为 10 家燃煤电厂。第二阶段为 2013 年全年，全市计划完成其他国家级重点监控单位排污许可证核发，核发对象为本市占全市水、大气主要污染物总量 65%的排污单位和全部污水处理厂，近 130 家单位。第三阶段截至 2015 年前，力争完成市、区（县）级重点监管排污单位的排污许可证核发工作，计划总发证单位数约 1 400 家。为鼓励企业申领，所有产生成本由环保部门承担，包括企业排污总量的核定等均由工作组承担，企业不承担费用。

第三，排污许可证与总量控制相结合。企业根据《上海市主要污染物排放许可证管理办法》的相关规定，向各级环保部门申请主要污染物排放总量。各级环保部门在企业申请的基础上，经技术审核，确定企业主要污染物允许排放量。企业结合实际，制定未来 5 年内，水、大气主要污染物排放总量控制年度工作方案，并按期落实减排技术和支撑项目。各级环保部门每年对持证企业进行评估考核。总量核定以申报数为基础，原则上核定量不得大于 2010 年动态更新量。同时在许可证上体现"允许排放总量"和"'十二五'总量控制目标"，规定企业日常排放许可量及到"十二五"末允许排放的总量，将排污许可证与总量减排有机结合。

第四，创新推进"三监联动"。上海市主要污染物排放许可证（以下简称"排污许可证"）核发与管理采取"三监联动"的管理模式，即"监管、监察、监测"三方联动对排污许可证持证单位进行排污许可证证后监督和管理工作。市区（县）两级环境保护局负责排污许可证的核发和管理，市区（县）两级环境监察机构负责现场监察，市区（县）两级环境监测机构负责现场监测，市区（县）两级排污许可证工作组负责信息收集、反馈与对外协调。建立"三监联动"管理工作制度，通过管理信息平台的互动作用，旨在建立有效的联动机制，使各部门资源、信息和措施互通互用，具体工作相互兼顾，工作手段互为支撑，岗位基本职责与联动协作要求均能做到积极主动、执行到位。实现排污许可证管理工作目标任务统一、全面有效，有力促进本市环保管理的能力。

②存在的问题

第一，人力物力不足。上海市排污许可证管理定位为注重制度实效性及成为证后监管的核心管理手段，"十二五"期间主要针对市、区（县）级重点监管排污单位的排污许可证核发工作,相应的机构组织也在逐步建设过程中,尤其区(县)一级环保主管部门管理力量相对较为薄弱。若全面铺开,势必在人力、物力保障上会出现较大的不足。因此在有限的人力、物力保障下,如何平衡许可证管理涉及的范围和确保许可证有效管理的质量是将要面对的一大重要问题。

第二,监管处罚依据不充分。目前针对企业的排污监管主要还是针对超标排放,针对许可总量监管主要依靠每个季度的监测情况及监察情况进行审核,然而当出现总量超标时缺少总量执法的有效办法,上位法及相应的总量处罚法律依据依然不足,因此在一定程度上降低了监管执法的威慑力。

第三,历史遗留问题难以解决。针对环保历史遗留问题,如《建设项目环境保护管理条例》之前建成的项目,环评审批手续缺乏或不完善(包括生产工艺、生产设备或排污量等环评审批内容不清晰)的企业,环评审批手续完善但未进行竣工环保验收或进行了分期验收、单项验收的企业,或当初建设时满足条件在补做环评时无法满足环境影响评价要求的企业,目前主要采取暂缓发放许可证的方式,如果要将其纳入许可证管理体系内,单单依靠环保部门的力量仍然较难实现。

2. 地方案例二:浙江省排污许可证制度实施情况

(1)浙江省排污许可证制度的实施模式及制度特点

浙江省排污许可证制度实施采取了由试点到全面推广的模式。2004 年杭州市被列入全国综合排污许可证试点城市,2008 年出台《杭州市污染物排放许可管理条例》,这也是全国唯一一部专门针对排污许可的地方立法。2010 年 5 月,浙江省出台《浙江省排污许可证管理暂行办法》(浙江省人民政府令 272 号),随后配套印发了《浙江省排污许可证管理暂行办法实施细则(试行)》(浙环发[2010]65号)(以下简称《实施细则》),在全省范围内开展排污许可证管理。2013 年 3 月,印发了《浙江省环境保护厅排污许可证审查程序规定(试行)》(浙环办函[2013]8号),排污许可证制度进入全面推广阶段,是全国实施范围较广、实施力度较大、管理方式较新的省份,目前全省共计发放排污许可证两万余本。总体来讲,浙江省排污许可证制度实践具有如下特点:

第一,废水、废气综合管制。浙江省采用综合许可的形式,对废水、废气进行统一管制。《实施细则》中明确规定了许可证发证对象:①排放二氧化硫、氮氧化物、烟粉尘等主要大气污染物且经依法核定排放量的排污单位;②排放工业废水的排污单位;③医疗污水排放单位;④规模化畜禽养殖场;⑤餐饮污水的直接排放单位;⑥城乡污水集中处理设施的运营单位;⑦其他应当依法取得排污许可证的排污单位。虽然许可证并未涉及到固体废弃物的管理，但是废水、废气排放许可突破了以往只针对重点区域或重点排放单位的限制，采取全面发证原则，且对发证范围有清晰而明确的界定，体现了公正、公平管理理念。

第二，探索衔接现有污染源管理制度。浙江省排污许可证制度与总量控制制度、排污权有偿使用和交易制度、"三同时"和环保设施竣工验收制度都做了初步衔接。首先，在排污许可证的核发上，申请排污许可证的排污单位，需要通过环保设施竣工验收，有总量控制任务的，还必须按规定取得总量指标。在实施排污权有偿使用和交易的地区，总量指标必须通过有偿使用和交易获得。其次，在排污许可证的监管上，排污许可证副本中需要载明污染物总量控制指标、削减数量和时限。参与排污权有偿使用和交易的排污单位，还要在排污许可证中载明排污权有偿使用费年度征收标准以及总量指标交易变更记录，通过排污许可证来记录和管理其有偿使用和交易行为。

第三，实行分级分类管理。为突破当前环境管理能力局限，实现排污许可证的统一发放与管理，浙江省采用分级分类管理的多层管理体系推广排污许可证。建立排污许可证分级管理机制，明确由环保行政主管部门作为排污许可证的实施主体，负责排污许可证的审批、颁发、监督等工作。省级环境保护行政主管部门负责对国民经济有重要影响的企业（总装机容量 30 万千瓦以上火电机组）排污许可证的发放，其他按照属地管理的原则，市、县环境保护行政主管部门负责辖区排污单位排污许可证的发放，并报省环保管理部门备案，同时明确各级环保部门之间的委托代理关系，并建立问责机制进行监督和核查。实施排污许可证分类发放，明确管理重点。根据企业排污规模差异将排污许可证分为 A、B 两类，对污染较大的 A 类企业实施排污许可总量和浓度的双控，对于污染程度较轻而对小区域影响较多的 B 类排污单位，采用以浓度控制为主、总量控制为辅的管理方式。

第四，自动监测监控、现场核查与书面核查相结合。对污染源进行有效监管是排污许可证制度实施的重要内容。为了提高监管能力，浙江省大力推行污染源在线监测监控体系。此外，纳入排污许可证管理的排污单位须接受环境保护行政主管部门的现场核查。其中，A 类排污单位还应当于每年年初的规定日期前，主动向核发排污许可证的环境保护行政主管部门提交排污许可证和上年度排污许可证执行情况核查证明材料，接受环境保护行政主管部门对排污许可证的书面核查，并对核查情况予以记录。这种自动监测监控、现场核查与书面核查相结合的方法有效地提高了政府的监管能力，强化了排污许可证的管制作用。

（2）浙江省排污许可证制度的不足

首先，排污许可证制度法律地位不明确，管理范围较小。浙江省以省政府令的形式出台《浙江省排污许可证管理暂行办法》，法律效力较低，对制度实施难以起到有效的法律支撑，缺乏持证排污、按证排污的强制约束，也无法明确排污许可证制度与其他环境管理制度间的法律层级关系。同时，排污许可证制度的管理范围也较为有限，主要仍集中在水、气污染物的总量和浓度管理上，未能系统地规范企业日常排污行为，限制了制度效用的发挥。

其次，环保系统内部对排污许可证制度重视程度不够。一方面，排污许可证尚未成为环保系统对企业日常监管的主要依据，在浙江省内近年对企业的环保执法中，未出现因企业违反排污许可证制度规定而受罚的案例。另一方面，环保系统在日常对企业的环境管理中，多项制度共同作用，多套污染源数据并存，排污许可证制度的基础性、核心性地位未能体现，排污许可证制度与各项制度衔接机制也并不成熟。

最后，企业持证排污的意识普遍淡薄。这与排污许可证制度的法规不完善和环保系统内部的不重视有着直接联系。正因为排污许可证制度缺乏法律威慑力，日常管理中环保行政主管部门对其利用率也不高，使得排污许可证对企业来说变得无关紧要，致使企业对于持证、按证排污的意识非常淡薄。多数企业只重视环评审批而轻视排污许可证的申领，因环境管理需要而主动申领排污许可证的积极性不足，往往是因为其他方面的业务需求（如办理银行贷款业务等）才不得不申领排污许可证。

3. 地方案例三：广东省排污许可证制度实施状况

（1）广东省排污许可证管理现状及经验

广东省也是我国较早开展排污许可证管理的地方之一。在环境保护部的大力支持和指导下，广东省积极探索实施排污许可制度，为排污许可证制度的发展和完善积累了经验。

第一，通过地方立法为排污许可证管理提供法律支撑。排污许可制度虽然《大气污染防治法》《水污染防治法》都有提及，但缺乏配套的条例、规章和规范的支撑，法律依据不足严重制约了这项重要环境管理制度的执行。为了突破这一瓶颈，2004 年广东省在制定《广东省环境保护条例》时，设立了排污许可证管理的专门规定和罚则，其中第十八条和第四十三条分别对排污许可证的申领、核发和罚则进行了规定。此外，《深圳经济特区环境保护条例》也对排污许可证管理作了具体规定。通过省、市立法，排污许可证的法律地位得到明确，管理制度初步建立，为全面开展这项工作打下了坚实基础。

第二，通过制定《广东省排污许可证实施细则》（以下简称《实施细则》）进一步规范排污许可证管理工作。广东省早在 2001 年就制定了《广东省排放污染物许可证管理办法》（粤府函〔2001〕286 号），原则规定了排污许可证发放范围、发放程序等重要问题，为广东省全面实施排污许可证提供了依据。《广东省环境保护条例》又在法规层面进一步确定了这一制度，并规定了相应的法律责任。随着环境管理实践的发展和《中华人民共和国行政许可法》等法律法规的出台，原有的《广东省许可证管理办法》已经不能满足环境管理的需要，广东省环保厅在 2009 年 12 月出台了《广东省排污许可证实施细则》，重点解决了以下问题：一是明确了发放范围。《实施细则》规定了主要大气污染物、特定水污染物以及在建筑施工中产生的噪声污染的企业事业单位应按照规定申领排污许可证。个体工商户、倾倒固体废物等没有纳入发证范围。二是增加了听证制度。《实施细则》规定，排污口位于生态环境敏感区域或因污染严重实行项目限批的区域或利益关系人申请的情况下，应当组织听证会，并明确了听证会的组织机构、听证具体技术性要求。三是为切实解决环境管理实践中存在的"重发证、轻监管"问题，《实施细则》设专章规定了排污许可证的监督管理和以排污许可证为依据执法监督管理，明确了吊销排污许可证的具体情形，并明确了吊销许可证后的监管措施与恢复制度，增强了许可证管理的权威性。四是规定了排污许可证的年审制度。广东省规定了排污许可证一般有效期是五年，实施年度审核制度，取消了临时许可证，试生产、限期治理或整改期间颁发的排污许可证的有效期与其试生产、限期治理或整改的时间相一致。五是原则规定了通过排污许可证制度实现对排污单位的总量控制。为了便于实际工作的开展，广东省专门下发通知对排污单位实行分类管理，对国家、省、市控重点排污单位，实行总量和浓度双控制；对其他非重点排污单位，以浓度控制为主，逐步向浓度、总量双控制过渡。

第三，建立信息管理系统，提升排污许可证管理水平。为加强排污许可证信息化管理水平，广东省环境信息中心开发了"广东省排污许可证数据报送及信息管理系统"，制定了信息报送的技术规范和管理办法。各地级市以及下辖区县环保局在使用本系统的过程中，同时建立排放许可证的档案，并定期将许可证的发放、变更、年审、撤销、吊销、注销等情况报上一级环境保护行政主管部门备案。

第四，加大执法力度，强化问责制度，为排污许可证管理工作提供有力保障。

广东省各地把排污许可证监督管理纳入环保日常执法范围，同时开展排污许可证专项执法检查，加强对排污单位无证排污或不按排污许可证排污等违法行为的查处力度。广东省还将排污许可证管理工作作为一项重要指标，纳入各地环保责任考核和减排三大体系建设考核，对不按规定发证的单位和个人依法追究责任。

（2）存在的主要问题

第一，排污许可证管理立法滞后，《实施细则》的法律效力低，影响其权威性和可操作性。虽然国家有关法律提出要实行排污许可制度，但配套的法规、规章、规范迟迟未能出台。《实施细则》作为广东省环保厅的规范性文件，其法律效力层级比较低。《实施细则》为了与上位法对接，没有将第三产业、个体工商户、无组织排放废气的排污单位等纳入发证范围，但环境统计资料显示，国控、省控、市控重点污染源的发证数只占发证总数的 8.78%，个体工商户等非重点污染源发证数占绝大多数，一些地方的工商部门将排污许可证作为领取《工商营业执照》的前置条件，导致各地在是否对这类排污单位发证方面左右为难，无所适从。此外，《实施细则》明确取消了临时排污许可证，但深圳市一直按《深圳经济特区环境保护条例》的规定发放临时排污许可证，造成全省不统一，深圳市的排污许可证信息管理系统也无法与省的系统对接。

第二，排污许可证管理与总量控制衔接不紧密，没有充分发挥促进污染减排的作用。《实施细则》对排污许可证总量指标的核定只做了原则性的规定，缺少明确具体的指导，不利于科学、合理、公平地分配总量指标。有些地方排污许可证管理与总量控制不是同一部门负责，污染减排的要求不能通过许可证落实到企业，企业污染减排的变化情况也不能通过许可证及时、准确地反映出来。对排污单位超过许可证规定总量排污的行为处罚依据不足，不利于污染减排工作的深入开展。

第三，一些地方的能力建设不能适应排污许可证管理工作的需要。《实施细则》对排污许可证管理工作提出了新的、更高的要求，程序更加规范，资料更加齐全，审核更加严格，发证后的监管更加完善，但同时也大大增加了基层环保部门的工作量，一些环保部门在经费保障、人员配备、硬件设备等方面不能满足排污许可证管理工作的需要，部分县（区）排污许可证打印设备无力解决，一定程度上影响了排污许可证的发放和年审。由于经费不足，《实施细则》的宣传力度不够，企业对排污许可证重要性和必要性认识不足，对办理程序不清楚，影响了排污许可证工作的开展。

3.1.4　排污许可证制度国内实践总结

虽然排污许可证制度在我国的实践情况整体并不理想，尚未达到制度预期的效果，但二十多年的探索经历也为下一步优化排污许可证制度实施积累弥足珍贵的经验。

1. 排污许可证制度的有益实践

目前，排污许可证制度尚没有一个国家层面的统一管理办法，但在各个地方试点推动下，各省市根据自己的立法条件、环境状况、执法条件等因素因地制宜地进行了一些制度创新。这些立法经验和制度创新推动了排污许可制度的建设，也为国家出台统一的排污许可证制度规范积累了经验。通过对各地区的排污许可证制度进行总结，可以发现不少值得肯定的做法。

第一，在规范污染物管理方面进行了一证式综合管理的有益探索。在已经出台的排污许可证制度管理文件中，不少地方都采用了综合许可证的形式，对不同环境要素中的污染物进行统一管制。例如，重庆要求对废水、废气、固体废物都列入排污许可证管理范围，四川、福建、青海在此基础上把噪声也纳入管制，而广东甚至把辐射污染也包括在其中。这些都是在一定程度上对排污许可证制度实行一证式管理的初步探索。

第二，尝试将排污许可证制度与其他环境管理制度进行衔接。在排污许可证的核发上，往往可以体现出制度间的衔接要求。如浙江省就将获得排放总量控制指标（有总量控制任务的项目），以及完成环境保护竣工验收（试生产、试运行项目除外），作为申请排污许可证的前置条件。同时，部分省市在排污许可证的基础上引入了排污权交易制度。北京、浙江的排污许可证管理办法中都有对排污权交易的具体说明，体现了在排污许可证制度中利用市场机制来优化环境资源配置，减少社会主要污染物减排成本的理念。

第三，积极探索创新，以多种手段促进排污许可证制度的实施。首先，对排污许可证实行分级管理。分级管理具体设置上可能有所不同，例如广东省在实际发证中规定了省、地级以上的市和县级环保部门的发证权限，而山西省在实践中由市（地）人民政府环境保护部门负责排污许可证的核发工作，根据需要也可委托县级环保部门核发许可证。其次，排污许可证进行分类发放。比如江苏省无锡市按照排污申报行业代码和排污状况将排污许可证分为 A、B、C 三种类型，分别发放给重点工业企业、一般工业企业、其他单位。长春市也在向排污者发放许可证时根据不同的污染源设置了 A、B、C、D 四类排污许可证，并针对每一类规定了发证条件和告知、申请、受理、核发、申诉程序。最后，利用各类检查、监督、考核措施确保排污许可证制度的效果。如云南省实行与当地工商行政管理部门实施年检联动制度，云南、广东等省将排污许可证上的各项义务纳入企业环保目标责任书的考核内容，上海市创新推行排污许可证"三监联动"管理模式等。

2. 排污许可证制度存在的问题

各地在排污许可证制度的具体实施推行过程中，遇到了不少问题和阻力。但客观来讲，我国排污许可证制度中的绝大部分问题并不是试点地区本身行政能力的不足所致，而是在目前全国环境管理制度体系大背景下实施排污许可证制度难以避免的一些共性问题，以及现有排污许可证制度设计上的诸多不足。实际上，部分试点地区尝试的一些做法已经在一定程度上对这些问题做了补救，但受限于整体环境的制约，有些问题仍难以得到根本解决。

第一，排污许可证制度的内涵和外延偏窄限制了管制范围。首先，目前大多数地方的排污许可证制度从污染物适用范围上来看仍比较狭窄，未将所有类型的污染物都纳入许可范围，不利于对污染行为的统一管制；其次，排污许可证内容重点关注排污总量和浓度，尚未对排污单位的环境行为作出规范，未能有效融合各项污染源管理制度，不利于全面体现污染源管理要求；再次，排污许可证管理范围仅局限于项目生产运营期管理，未涉及项目建设期和停产关闭期管理要求，不利于全过程监管。因此，现有的排污许可证制度未能起到一证管理的作用，还需要在各方面进行系统扩展。

第二，排污许可证制度相关法规政策不完善降低了可操作性。排污许可证制度在国际上被作为一项支柱性法律制度，在我国最初以政策的形式提出和明确，目前虽然在《水污染防治法》《大气污染防治法》以及新《环境保护法》都有实施排污许可证制度的相关规定，但是至今没有国家层面统一的排污许可证管理条例，在许可条件、程序、法律责任等方面都是空白；如何核发、监管、核查排污许可证仍然是靠各个地方出台的地方性法律规章。很多地方都以地方政府令的形式出台排污许可证管理办法，从严格意义上说，这只是管理上的许可，不是法律层面上的许可。

第三，多项环境管理制度并存挤占了排污许可证制度实施空间。目前实践中，排污许可证制度主要是对现有环境管理体系的一个修补，其实施是在已有的诸多环境管理制度上的步骤累加。换而言之，排污许可证制度是和其他污染源管理制度相平行（甚至地位更低）的一种管理行为，并未成为环境管理体系的核心制度。这不仅使得排污许可证受到其他管理制度的限制而无法发挥其最大作用，也导致整个环境管理体系缺乏主轴，导致现有各项制度各自为营，功能单一，多项制度同时作用，多套污染源数据同时并存，环境管理体系臃肿而缺乏有机衔接，整体管理效率低下，且容易造成管理死局。

第四，排污许可证监管薄弱和应用不足削弱了制度执行效果。由于法律支持不足及各部分对排污许可证认识不一等原因，目前排污许可证尚未作为环保部门监管排污单位的主依据。无论是在上级系统对下级的检查还是环保人员的平时执法中，很少有把企业是否持证排污作为一项检查内容，使排污许可证发放流于形式。排污许可证管理应用不足，企业缺乏申领和自觉执行排污许可证的动力，持证排污意识薄弱。社会参与程度低，许可信息公开力度不够，公众缺乏资料获取途径，公众参与和社会监督水平不高，广泛监督作用未能发挥，监管目标难以实现。

第五，排污许可证制度的技术支撑不够。首先，初始排污权分配技术不足。如何在保证环境质量的前提下将区域总量分配到各个污染源，至今尚未有科学合理的解决方案，给许可证的初始发放增加了难度。其次，污染的排放总量的实时核定有待加强。一些地方虽然已有一些对应的管理创新，例如浙江省的刷卡排污，但是这些监测措施的覆盖面还较为有限，在线监控设施的运行稳定率也有待于提高。再次，污染物排放标准需要完善。当前的排放标准过于笼统简单，缺乏针对性，一方面不能确保各行业都采用了与当时的技术条件相匹配的污染处理措施，另一方面也不能保证污染源周围地区的环境质量达标，因而亟须制定和推广基于技术与基于质量的排放标准。最后，排污许可证平台建设有所欠缺。排污许可证的污染排放数据无法通过平台进行数据共享，污染源管理的多套数据并存的现象难以解决。

3.2　我国现行其他污染源环境管理制度

我国现行的各项环境管理制度中，除排污许可证制度以外，针对点源污染源管理的主要还有环境影响评价、"三同时"、排污收费、限期治理、总量控制和排污权交易等制度[6]。这些制度功能各异，分别管控点源污染的不同运行阶段，但在实际运行中却由于制度本身的缺陷以及环保系统内部衔接机制的不完善等，造成一定的管理脱节现象，弱化了制度体系的整体效能。本节将就这些制度进行系统梳理，分析归纳其核心内容及实施中存在的问题。

3.2.1 环境影响评价制度

环境影响评价制度，是指对规划和建设项目实施后可能造成的环境影响进行分析、预测和评估，提出预防或者减轻不良环境影响的对策和措施，并进行跟踪监测的方法与制度。环境影响评价的目的是确保决策者在做出决定之前，对某项活动可能造成的环境影响进行考虑。环境影响评价制度充分体现了预防为主和源头管理的理念。

1. 发展历程

世界上最早建立环境影响评价制度的国家是美国。1969 年美国国会通过《美国国家环境政策法》，正式建立环境影响评价制度[7]。随后，环境影响评价制度迅速在全球建立和普及起来，瑞典、澳大利亚、法国、荷兰等多个国家都在各自的环境立法中确立了环境影响评价制度。英国、德国、加拿大、俄罗斯和日本等国还颁布了专门的环境影响评价法律法规。为解决不同国家间的越界环境影响问题，联合国欧洲经济委员会于 1991 年通过《越界环境影响评价公约》。至 1998 年，联合国欧洲经济委员会再次通过《在环境问题上获得信息、公众参与决策和诉诸法律的公约》，进一步在国际社会上推进了环境影响评价制度的发展[8]。据不完全统计，全世界已有 100 多个国家和地区建立了环境影响评价制度。

在我国，环境影响评价制度于 1978 年制定的《关于加强基本建设项目前期工作内容》中首次被提出，并在 1979 年颁布的《中华人民共和国环境保护法（试行）》予以明确。随后，多项环保单行法及《建设项目环境保护管理办法》中明确提及环境影响评价制度。2002 年，全国人民代表大会制定了《中华人民共和国环境影响评价法》，该项单行法作为中国环保方面的第八部法律，直接奠定了环评审批制度作为建设项目基本管理制度的地位，也是我国环境影响评价制度执行的主要参照法规。2014 年通过的《中华人民共和国环境保护法》修正案中，就环境影响评价制度增加了新的规定：在制度执行方面，规定"未依法进行环境影响评价的建设项目，不得开工建设"；在相应法律责任方面，规定"建设单位未依法提交建设项目环境影响评价文件或者环境影响评价文件未经批准，擅自开工建设的，由负责审批建设项目环境影响评价文件的部门责令停止建设，处以罚款，并可以责令恢复原状"，在环境保护基本法中进一步加大了环境影响评价未批先建的违法责任。

全国各省市在环境影响评价制度的具体执行中，也纷纷结合地区经济发展、环境管理能力等实际因素，制定了一些地方性规定。以浙江省为例，早在 2003 年便以浙江省人民政府令的形式制定颁布《浙江省建设项目环境保护管理办法》，对建设项目的环境影响评价、"三同时"等环境保护要求进行详细规定，该办法于 2011 年、2014 年进行两次修订；在行政管理执行过程中，为提高环评审批效率，浙江省还于 2008 年通过了《浙江省建设项目环境影响评价文件分级审批管理办法》；近年来，按照行政审批事项改革的总体要求，自 2012 年起，浙江省将部分建设项目环评审批权力下放，进一步减少省本级审批建设项目，并先后出台了《浙江省第一批不纳入建设项目环境影响评价审批的目录（试行）》（2012 出台）、《浙江省第二批不纳入建设项目环境影响评价审批的目录》（2013 出台）等，对部分污染较小、对生态环境影响不明显的中小型建设项目不需要再编制环评报告及审批。

2. 核心内容

建设项目环境影响评价制的核心内容主要包括四个方面：

一是分类管理及编制要求。根据建设项目对环境的影响程度，对建设项目的环境影响评价实行分类管理，按照建设项目环境影响评价分类管理名录分别编制环境影响报告书、环境影响报告表或者填报环境影响登记表等环评文件，并对不同的环评文件内容作出相关规定，环评文件需由具有相应环境影响评价资质的机构进行编制。

二是分级审批及审批要求。环评文件按照分级审批的原则进行，除由国务院环境保护行政主管部门负责审批的建设项目外，其余环评文件的审批权限由省、自治区、直辖市人民政府自行规定；实行投资管理审批制的建设项目，建设单位应当在建设项目可行性研究阶段向环境保护行政主管部门报批环境影响评价文件；实行核准制的建设项目，建设单位应当在建设项目核准前向环境保护行政主管部门报批环境影响评价文件；实行备案制的建设项目，建设单位应当在办理建设项目备案手续后 1 年内、建设项目开工建设前向环境保护行政主管部门报批环境影响评价文件。

三是信息公开及公众参与。环评文件编制过程中，对于建设项目处于环境敏感区或具有直接环境影响利害关系人的情况，需进行公众调查；确定环评编制机构之日起 7 日内，公示建设项目、建设单位和环评机构基本情况；报批环评文件 10 日前，公示建设项目基本情况、对环境可能造成影响及环境保护对策措施、环评文件结论等内容；环保行政主管部门审批环评文件时需进行不少于 7 日的公众意见征求。

四是制度执行强制性要求。未依法进行环境影响评价的建设项目，不得开工建设。建设项目的环境影响评价文件经批准后，建设项目的性质、规模、地点、采用的生产工艺或者防治污染、防止生态破坏的措施发生重大变动的，建设单位应当重新报批建设项目的环境影响评价文件。建设项目的环境影响评价文件自批准之日起超过五年，方决定该项目开工建设的，其环境影响评价文件应当报原审批部门重新审核。在项目建设、运行过程中产生不符合经审批的环境影响评价文件的情形的，建设单位应当组织环境影响的后评价，采取改进措施，并报原环境影响评价文件审批部门备案。

3. 主要问题

环境影响评价制度作为建设项目环境管理的一项基本制度已经有 30 多年的实施历史，目前已建立了一套相对完整的环评机制，在调整产业结构、遏制污染等方面发挥了重要作用。但由于历史和现实的种种原因，在实施过程中，环评作为从源头上预防和减轻环境污染的"阀门"仍未关紧，将污染扼杀在萌芽状态的设想目标也并未能完全实现。主要问题在于：

（1）环评制度实施不力。环评审批属于依申请的行政许可，但由于缺少后续执行监管制度、地方发展历史原因等，在执行中仍存在未批先建、批建不一等问题。目前对于建设项目违法开工的现象，也往往由于种种因素而普遍存在处理不到位、处罚力度较轻等情况。总体来看，我国当前依然存在为数众多的中小型建设项目未能严格按照国家"先环评、后建设"的规定执行，有些项目甚至没有做过环评。

（2）环评机构公信力不高。在各方利益链驱使下，本应处在第三方位置的环评机构存在公信力不足的情况，部分环评报告缺乏科学性、可行性与中立性，影响环境影响评价结论的客观性、公正性和准确性。且作为前置审批环节，环评制度本身并未设置后续监管内容，致使部分环评机构以满足项目审批需要为目标，或因机构技术能力问题而编制失真的环评报告，误导了治理方案的设计和环保行政部门的许可审批，给环保行政部门对排污单位的后续管理造成一定困难。

3.2.2 "三同时"和环保设施竣工验收制度

建设项目"三同时"制度是指新建、改建、扩建项目和技术改造项目以及区域性开发建设项目的污染治理设施必须与主体工程同时设计、同时施工、同时投产使用。建设项目竣工环境保护验收是指建设项目竣工后，环境保护行政主管部门根据相关规定，依据环境保护验收监测或调查结果，并通过现场检查等手段，考核该建设项目是否达到环境保护要求的活动。"三同时"制度和环保设施竣工验收制度是针对建设项目在环评获批之后到正式生产运营期间的环境管理制度，与环境影响评价制度一起构成了建设项目管理的两个连续环节。

1. 发展历程

"三同时"制度可以说是我国最早的一项环境管理制度，其出现较环境影响评价制度更早，同时也是我国特有的一项环境管理制度[9]。与环境影响评价制度类似，"三同时"制度以预防为主和源头控制为实施理念，强调以工艺技术、设备设施、教育管理、监督控制等方法实现对生态环境破坏的预防控制，在没有破坏环境之前就尽可能减少造成污染的可能性[10]。1972 年，国务院批转《国家计委、国家建委关于官厅水库污染情况和解决情况和解决意见的报告》中首次提出"工厂建设和'三废'综合利用工程要同时设计、同时施工、同时投产"，这是"三同时"制度的雏形。随后，在 1973 年国务院《关于保护和改善环境的若干规定》中正式提出：一切新建、扩建、改建的企业必须执行"三同时"制度，正在建设的企业如没有采取污染防治措施的必须补上，各级环保部门要参与审查设计和竣工验收。1979 年，《环境保护法（试行）》以法律形式对"三同时"制度做了明确规定，为此后制定出台"三同时"相关法规条例提供了法律保证。1981 年，制定出台《基本建设项目环境保护管理办法》，对"三同时"制度的内容、管理程序，违反"三同时"的处罚等均做了较全面、较具体的规定。1986 年，再次出台《建设项目环境保护管理办法》，对"三同时"制度的内容进行具体和深化。在总结前期实践经验的基础上，1994 年，国家环保局颁布了《建设项目环境保护设施竣工验收管理规定》，使建设项目环境保护管理工作重点落在环保设施竣工验收的监督检查上，各省也制订了相应的规定；环保设施竣工验收逐步规范化，由环境保护行政主管部门以参加工程整体验收转向由各级环境保护行政主管部门组织单项验收。同时，在此期间，为加强"三同时"制度管理，全国普遍加大执法力度，对严重违反"三同时"制度的企业给予了限期整改直至停产的严厉处罚，在社会上产生了广泛的影响，有力推动了"三同时"制度的执行。1999 年，国务院颁布《建设项目环境保护管理条例》，标志着建设项目环境保护管理上了一个新的台阶；2001 年，国家环保总局颁布《建设项目竣工环境保护验收管理办法》，替代 1994 年《建设项目环境保护设施竣工验收管理规定》，目前这两项规定是"三同时"制度和环保设施竣工验收的主要执行依据。2014 年，新《环境保护法》对"三同时"制度和环保设施竣工验收制度方面进行了调整，第四十一条规定，"建设项目中防治污染的设施，应当与主体工程同时设计、同时施工、同时投产使用。防治污染的设施应当符合经批准的环境影响评价文件的要求，不得擅自拆除或者闲置。"代替了原有"必须经验收合格后方可投入生产或使用"的要求，从而为未来推行排污许可管理制度、整合建设项目审批环节留下余地。

为进一步落实"三同时"和环保设施竣工验收制度，各省市一般都制定了更为细化的地方性建设项目环境保护管理办法和配套文件。以浙江省为例，浙江省于 1995 年颁布了《浙江省建设项目环境保护设施竣工验收监测技术规定（试行）》，针对建设项目环保设施竣工验收的监测提出技术操作规范要求；结合环保设施竣工验收实际执行中的种种问题，在 2011 年修订的《浙江省建设项目环境保护管理办法》中还提出了"先行竣工验收"的做法，主要针对建设项目的生产规模未达到环境影响评价批准文件确定的规模，但符合国家和省产业政策规定的产能要求的情况，以及建设项目的生产负荷近期无法达到国家环境保护设施竣工验收技术管理规定的负荷要求，但符合环境保护设施竣工验收的其他条件的情况，可以先行进行环境保护设施先行竣工验收，在生产规模或生产负荷达到相关要求后再次重新申请环境保护设施竣工验收。2012 年，为提高建设项目"三同时"执行率，解决因建设项目批建不符而难以完成环保设施竣工验收的情况，浙江省启动实施环境影响回顾性评价和后评价制度，并进一步完善了"三同时"验收的内部管理流程。2013 年，浙江省环境保护厅颁布了《浙江省环境保护厅关于进一步加强建设项目环境保护"三同时"管理的意见》，力求对"三同时"制度进行进一步强化。

2. 核心内容

"三同时"制度的核心内容包括两个方面：一是建设项目需要配套建设的防治环境污染和生态破坏的环境保护设施，应根据环境影响评价批准文件的要求执行；二是环境保护设施应当与主体工程同时设计、施工和投入使用。建设项目施工过程中，要采取相应的环境保护措施防止或者减轻施工对水源、植被、景观等自然环境的破坏，改善、恢复施工场地周围的环境；对可能造成重大环境影响的建设项目，应当委托具有环境保护设施监理能力的监理单位进行技术监督。因此，可以说"三同时"制度是建设项目实施阶段的管理手段，是落实环境影响评价的措施。建设项目竣工后，建设单位应向批准环评文件的环境保护行政主管部门申请环境保护设施竣工验收，经验收合格后该建设项目方可正式投入生产或者使用。

根据建设项目的不同，环保设施竣工验收可分为两类，一是环境影响评价批准文件明确需要进行试生产的建设项目，需由建设单位在建设工程竣工后向环保部门备案试生产，试生产期届满前（一般为期三个月，经延期不超过一年）申请环境保护设施竣工验收；二是无试生产需求的建设项目，竣工后建设单位可直接申请环境保护设施竣工验收。

验收过程主要包括以下几个步骤：建设单位委托开展验收监测或调查；建设单位提出验收申请并提交竣工验收监测报告（表）或者调查报告（表）、试生产情况报告、环境监理报告等资料；环保部门受理验收申请、组织开展验收现场检查、提出拟批准或不批准该项目验收的意见并公示，最终作出建设项目环保设施竣工验收决定。

3. 主要问题

建设项目"三同时"和环保设施竣工验收制度自提出至今已被普遍执行，各级环保部门均已开展相关工作，并建立了相对完善的制度和操作规范，但在实际操作中，仍因多种因素影响而存在执行不到位的问题，主要有：

一是建设单位普遍存在重环评审批、轻竣工验收的现象。虽然环境影响评价制度和"三同时"制度是对建设项目连续管理的两个环节，但建设单位一般较为重视环评审批，知道没有环评批复项目无法开工，而对"三同时"制度及环保设施竣工验收制度却往往了解不够，导致在项目建设过程中没有按照已批复的环评文件要求落实建设项目"三同时"制度的相关要求，或没有明确树立建设项目需经环保设施竣工验收后方可投入正式生产运营的概念，因而频繁出现环保设施迟迟不能通过竣工验收、存在大量超期试生产的现象。

二是部分环评审批时的承诺未能兑现导致验收受阻。出于发展地方经济的意愿，许多地方政府在审批或报批环评文件时，不顾实际操作的可能性，轻易作出卫生防护距离内敏感点搬迁等承诺，在项目建成后却难以兑现，导致建设项目环保设施竣工验收无法通过。此外，验收时因生产工艺等变化与环评不符，即使排污状况未发生改变也不能通过验收，也导致了验收率偏低。

三是监管及处罚无力。目前各地基层环保部门的监管能力仍普遍不足，对于现有污染源的监管往往只能侧重查处超标等违法排污行为，对于项目建设期的"三同时"执行情况及未通过环保设施竣工验收的排污情况较难投入大量的监管力量。现行对于"三同时"执行不到位或未通过环保设施竣工验收的建设项目的处罚措施为责令停止生产，处以 5 万元或 10 万元以下的罚款，但在实际执法中往往难以执行到位。环保部门对于一些不断延期试生产的企业颇为无奈，尤其是因生产规模未能达到环评时的计划规模而无法通过验收的企业，会陷入越停产越难以通过验收的死循环。

3.2.3　总量控制制度

污染物总量控制制度是指在特定的时期内，综合经济、技术、社会等条件下，采取通过向污染源分配污染物排放量的形式，将一定空间范围内产生的污染物数量控制在环境容许限度内而实行的污染控制方式及其管理规范的总称。

1. 发展历程

国外自 20 世纪 60 年代末开始研究污染物排放总量控制。1967—1973 年，美国特拉华河实行的排污总量控制，可以说是污染物排放总量控制的雏形。1972 年，美国国家环保局提出最大日负荷总量（Total Maximum Daily Loads，TMDL）计划，旨在识别满足水质标准情况下水体所能够接受的污染物的最大负荷量，并以此为基础对点源和面源的污染负荷进行分配和管理。TMDL 是国际上最具代表性的流域总量控制技术体系[11]。1990 年，美国提出酸雨计划，实施总量控制下的排污权交易，成功地大幅削减了火电行业二氧化硫的排放总量。日本则在 1973 年制定的《濑户内海环境保护临时措施法》中，首次在废水排放管理中引用了总量控制。1974 年，日本修订《大气污染防治法》，正式在大气污染防治中导入总量控制策略[12]。欧盟也是总量控制的积极倡导者。2001 年，欧盟正式颁布《国家污染物总量控制指令》，制订了二氧化硫、氮氧化物、挥发性有机物和氨气四种大气污染物的排放总量限制[13]。在污水治理方面，欧洲亦有着总量控制的良好实践，例如莱茵河总量控制管理等。

20 世纪 70 年代末，以制定第一松花江 BOD 总量控制标准为先导，我国的总量控制研究进行了最早的探索和实践。随后，以第二松花江，沱江等为对象，逐步开展了水环境容量、污染负荷总量分配的研究和水环境承载力的定量评价等。1989 年《水污染防治法实施细则》规定"超过国家规定的企业事业单位污染物排放总量控制指标的，应当限期治理"，这是我国最早涉及总量控制的法律规定，但该条款仅提出了总量指标的原则。1995 年颁布的《淮河流域水污染防治暂行条例》也提出，"国家对淮河流域实行水污染物排放总量控制的制度"。1996 年修订的《水污染防治法》第十六条规定"省级以上人民政府对实现水污染物达标排放仍不能达到国家规定的水环境质量标准的水体，可以实施重点污染物排放的总量控制制度，并对有排污量削减任务的企业实施该重点污染物排放量的核定制度。具体办法由国务院规定。"首次在法律中全面规定了总量控制制度。2000 年出台的《水污染防治法实施细则》对总量控制制度进行了更为细致的规定。在这之后，《大气污染防治法》《清洁生产促进法》均有条款涉及污染物排放总量控制制度。2006 年，《"十一五"期间全国主要污染物排放总量控制计划》发布，我国的总量控制开始全面开展。"十一五"期间，全国对主要污染物二氧化硫和 COD 进行总量控制，以约束化的控制指标将总量控制制度推向全国大规模实践，第一次实现了真正意义上的"有总量、有控制"的排放总量控制。"十二五"期间，总量控制指标进一步扩大到二氧化硫、COD、氨氮、氮氧化物四类。2014 年，《环境保护法》修订案中新增规定"国家实行重点污染物排放总量控制制度"，明确了总量控制制度的原则性法律地位，使总量控制真正成为国家环境管理的一项基础法律制度，并能为之后的相关单项法规的制定提供法律依据。虽然我国现行有关总量控制的法律、法规已经不少，既有法律效力层次较高的法律和法规，也有法律效力层次较低的部门规章和规范性、政策性文件，但依然还缺乏一部专门性的污染物排放总量控制法规。

2. 核心内容

污染物总量控制制度根据控制目标确定方法的不同可分为目标总量控制和容量总量控制两类，前者是根据某一时期环境污染状况来设定向环境排放的污染物数量，后者是根据环境本身容纳污染物能力来确定向环境排放的污染物数量，鉴于我国目前环境质量现状，部分地区纳污能力已经饱和，因此实践中主要执行的是目标总量控制。实施环节主要包括总量控制目标分解、具体任务的落实、污染物排放监测、排放总量统计与核定、目标考核及相关惩处等。制度核心内容包括：

一是控制目标及其分解，即重点污染物排放总量控制指标由国务院下达，省、自治区、直辖市人民政府分解落实；企业事业单位在执行国家和地方污染物排放标准的同时，应当遵守分解落实到本单位的重点污染物排放总量控制指标。

二是超出控制目标的惩罚，对于区域而言，超过国家重点污染物排放总量控制指标或者未完成国家确定的环境质量目标的地区，省级以上人民政府环境保护主管部门应当暂停审批其新增重点污染物排放总量的建设项目环境影响评价文件；对于点源而言，企业事业单位和其他生产经营者超过污染物排放标准或者超过重点污染物排放总量控制指标排放污染物的，县级以上人民政府环境保护主管部门可以责令其采取限制生产、停产整治等措施，情节严重的，报经有批准权的人民政府批准，责令停业、关闭。

3. 主要问题

重点污染物排放总量控制制度实施以来，有效遏制了污染扩张和总量增加态势，促进了总量控制指标环境质量的改善，制度执行的主要问题在于：

一是总量执法依据缺乏。在新环保法修订之前，环保基本法中一直未将总量控制作为污染防治的基本原则和制度加以规定。因此，现行的单行法在规定污染物排放总量控制时并未将其作为一项强制实施的法律制度，明确的仅仅是目标意义上的总量控制，至于现实中应该采用哪些具体措施却游离于立法之外，缺乏总量执法依据，缺乏切实可行的实施细则，影响总量控制制度的实施与执行。

二是总量控制实施载体效力不强。当前总量控制实施主要还是以行政计划的方式分解指标，通过与企业签订减排责任书、年度检查、在线监测、减排考核等"运动式"行政手段来完成对点源的管理，缺乏法律效力。而排污许可证作为实施点源污染物总量控制的抓手和载体，目前也尚未真正通过法律法规的形式将其落实，地方上排污许可证发放范围不广，实施效力不强，影响了总量控制制度执行。

三是与相关制度衔接不够。污染物总量控制制度除了需要完备的实施办法外，还需要有其他制度的支持与配合才能有效实施，但目前除了环评审批与总量控制有所结合外，排污许可证、排污收费、排污权交易等制度并未能与总量控制制度良好对接，造成区域性主要污染物总量控制要求和污染源排污总量不衔接，单个污染源拥有多套排污数据且相互冲突，总量控制制度实施的基础迫切需要夯实。

3.2.4 排污收费制度

排污收费制度，是指一切向环境排放污染物的单位和个体生产经营者，均须按照国家的规定和标准，缴纳一定费用的制度。排污收费是环境管理八项基本制度之一，是一项重要的环境经济政策，它运用经济手段要求污染者承担污染对社会损害的责任，把外部环境成本的不经济性内在化，以促进污染者积极治理污染。

1. 发展历程

1972 年，经济合作与发展组织首次提出"污染者付费原则"（Polluter Pays Principle，PPP），指出污染者必须承担污染防治措施的实施费用，这些措施由公共机构来确定，以确保环境状况处于一个可接受的水平。随着 PPP 作为环境政策领域中的一个基本原则得到国际社会公认之后，以其为基础的具体环境经济政策也就在各国被相继提出并加以采纳和应用[14]。部分国家为了防治生态破坏和环境污染，依据 PPP 实行了排污收费制度。例如 1976 年，联邦德国制定了世界上第一部《污水收费法》，向排污者征收污水费，收费多少根据废水排放量和有害程度来确定，用以建设污水处理设施。随后，法国、澳大利亚、新西兰、日本等国家也相继实行了这一制度。

我国于 1978 年首次提出排污收费制度，同年试点实施；1982 年 12 月，国务院颁布《征收排污费暂行办法》，并正式在全国实行；2003 年，国务院颁布了《排污费征收使用管理条例》，明确规定对排污单位实行按污染物的种类、数量以污染当量为单位的总量多因子排污收费，标志着我国的排污收费制度逐步完善；同年，国家环保总局配套发布了《关于排污费征收核定有关工作的通知》（环发[2003]64号），对这一制度的具体执行作了更为全面、系统的规定。此外，《环境保护法》《大气污染防治法》《水污染防治法》《环境噪声污染防治法》《固体废物污染环境防治法》《海洋环境保护法》等法律均有对征收排污费做出相应规定。2014 年，《环境保护法》修正案对排污收费的规定进行调整，删除原环保法中对于排污申报登记的条文，规定"排放污染物的企业事业单位和其他生产经营者，应当按照国家有关规定缴纳排污费。排污费应当全部专项用于环境污染防治，任何单位和个人不得截留、挤占或者挪作他用。依照法律规定征收环境保护税的，不再征收排污费"，为今后实行环境保护"费转税"奠定基调。2014 年 9 月，环境保护部下发《关于排污申报和排污费征收有关问题的通知》（环办[2014]80 号），对原有排污申报制度进行精简改革，将原申报表格及申报程序进行调整，改为《工业企业排放污染物基本信息申报表》《工业企业排放污染物动态申报表》《特殊行业排放污染物补充申报表》《建筑施工排放污染物申报表》《小型第三产业排放污染物申报表》等，申报程序上对企业基本信息不再重复填报，取消年度预申报，实行根据实际排污状况采用月度、季度等阶段性动态申报。

2. 核心内容

排污费征收制度主要流程为：由排污单位进行排污申报—环保行政主管部门进行排污申报审核—环保行政主管部门排污申报量核定—确定排污者的排污费并予以公告—送达《排污费缴费通知单》—排污者到银行缴纳排污费—对不按规定缴纳者责令限期缴纳，对拒不履行缴费义务的依法申请法院强制征收。可见，排污费征收制度的核心内容主要有以下三个部分：

一是排污申报登记。自 2015 年 1 月 1 日起，按照《排放污染物申报表（试行）》

进行排污申报登记，整体分为基本信息申报和动态信息申报两部分。基本信息申报一般包括企业法人、地址、联系电话、主要产品名称等情况；动态信息申报主要指企业一个生产阶段的产品产量、污染物排放量等与排污费核定相关的信息数据。排污单位需按照实际情况进行分类申报，主要分为工业企业等一般排污单位、城镇污水处理厂及其他社会化运营的污水集中处理单位、固体废物专业处置单位、钢铁企业、建筑施工单位、无法进行实际监测的小型第三产业和畜禽类养殖场等类型。

二是排污申报核定。按照分级管理的要求，环境监察机构应当在收到排污单位《排放污染物动态申报表（试行）》后 20 日内，结合掌握的情况，对排污单位排放污染物的种类、数量进行审核，并根据排污费征收标准确定排污单位该时段应当缴纳的排污费数额，向排污单位送达《排污核定与排污费缴纳决定书》，同时向社会公告。排污单位对核定结果有异议的可于接到核定通知 7 日内提出复核申请；环境监察机构应当自收到复核申请之日起 10 日内，做出复核决定。

三是排污费缴纳。目前排污费征收项目涉及污水排污费、废气排污费、固体废物及危险废物排污费、噪声超标排污费等，按照污染物当量数进行收费，国家制定了不同污染物当量收费标准，但各省可以结合实际情况进行调整。排污单位需在接到排污费缴纳通知单之日起 7 日内到指定的商业银行缴纳排污费；排污者向污水集中处理设施排放符合纳管标准的污水，已缴纳污水处理费用则不再缴纳排污费；排污单位在遇到特殊情况下可按照相关规定实行减少、减免、缓缴排污费。缴纳的排污费按照不同比例要求分别入各级国库，实行收支两条线管理。此外，对于不按时按规缴纳排污费的情况，国家及地方均制定了相关罚则；对于排污者超标排放污染物的情况，实行加倍缴纳排污费。

3. 主要问题

排污收费制度作为我国一项重要的环境管理制度，在我国已实施 20 多年，对促进污染防治、提高环境监管能力发挥了重要作用。但在实施过程中，依然存在部分问题，主要如下：

一是排污申报存在缺陷。企业出于少交、拖交、不交排污费等利己目的，会存在谎报、漏报、拒报排污情况等现象，目前对于排污费申报的审核尚缺乏统一的技术规范，加之核查、监管力量的不足，环保部门对于排污申报内容真实性的复核与企业实际排污情况容易存在偏离，导致排污费不能收到实处。另外，既然排污收费应以企业实际排污量作为收费依据，那么对于排污申报的管理就应与其他有关企业实际排污量管理的制度相结合，以避免出现多套环境管理数据的情况，但实际操作中却由于制度间衔接不足而存在多套环境管理数据的现象。

二是排污费征收标准过低。目前排污收费标准普遍低于污染治理成本，这种偏低的环境资源价格没有反映环境资源稀缺程度，也没有反映环境治理成本和资源衰竭后的退出成本，造成企业"违法成本低、守法成本高"，导致企业宁愿缴纳排污费也不愿治理污染，也使得排污收费的政策引导效用未能完全发挥。

3.2.5　企业限期治理制度

企业限期治理制度是指对排放污染物超过排放标准、超过污染物总量控制指标或者造成严重环境污染的排污者，由有权限的行政机关责令其在一定期限内治理环境污染，实现治理目标的制度。限期治理制度可以说是我国特有的一项环境管理制度。

1. 发展历程

限期治理作为环境行政执法的一种手段，国外也有类似的制度或规定。例如，美国环境法中就规定了环境行政守法令：对于违法企业，先提出相关要求并告知自查期限，企业如能及时自查、披露相关信息、采取改正措施则会被告知减轻或免予处罚，否则会被加以处罚，并被告知以后将会面临更严厉的处罚措施[15]。日本也有改善命令制度，对于超标排污的企业，可以命令其限期改善特定设施的构造、使用方法或者临时停止其污染物的排放。

相较国际上的类似制度，我国的限期治理制度由于实施背景的不同，依然有着强烈的自身特色。1973 年，国家计委在《关于全国环境保护工作会议情况的报告》中首次提出，"对污染严重的城镇工矿企业江河湖泊和海湾，要一个一个地提出具体措施，限期治理好"的要求，第一次涉及限期治理制度。1979 年，我国环境保护基本法首次颁布后，限期治理作为一项本法律制度被提出，并在 1989 年通过的修订案中予以正式确立；其中，第二十九条明确提出，"对造成环境严重污染的企业事业单位，限期治理"。该项制度在其后的《环境噪声污染防治法》《海洋环境保护法》《大气污染防治法》《固体废物污染环境防治法》《水污染防治法》等法律中均有所提及。2009 年 6 月，环境保护部通过了《限期治理管理办法（试行）》，对于限期治理的程序性规则进行了详细规定。2014 年 4 月 24 日修订通过的《环境保护法》第六十条规定，"企业事业单位和其他生产经营者超过污染物排放标准或者超过重点污染物排放总量控制指标排放污染物的，县级以上人民政府环境保护主管部门可以责令其采取限制生产、停产整治等措施",在国家环境保护基本法中进一步明确了限期治理制度的适用主体、适用范围、决定权限等要求。

2. 核心内容

限期治理制度具有严厉的法律强制性,未按规定履行限期治理决定的排污单位给予严厉的法律制裁,并可采取强制措施。限期治理制度的核心内容包括治理对象、治理内容和治理解除等方面。

限期治理的实施对象为超过污染物排放标准或者超过重点污染物排放总量控制指标排放污染物的企业事业单位和其他生产经营者。但对于法律法规相关条款另有特别规定的则适用特别规定,如新建项目污染防治设施未建成、未通过验收、未与主体工程同时投入试运行或正式生产的情况,以及故意不正常使用水污染处理设施、违法采用国家强制淘汰的造成严重水污染的设备或工艺的情况等,可直接按照《水污染防治法》相关条款进行处罚。对于实施对象的选取,环境保护行政主管部门需经调查判断、事先告知、听证、认定事实等程序后,正式作出限期治理决定。

治理内容根据治理对象的实际情况进行规定,环境保护行政主管部门作出的《限期治理决定书》中将明确限期治理任务,即排污单位在限期治理后应当稳定达到的排放标准或者总量控制指标。具体治理措施由排污单位负责自行选择;对于限期治理期间排放水污染物超标或者超总量的,环境保护行政主管部门可以直接责令限产限排或者停产整治。限期治理期间,排污单位排放水污染物不得超标或者超总量,污染物处理设施需要试运行并排放污染物的应事先书面报知环境保护行政主管部门。

治理解除包括限期治理措施完成、治理设施试运行(不同治理方法有不同试运行要求)、委托验收监测并出具报告、提交验收申请及相关材料、组织验收并明确验收结果、未通过验收的相关惩处等环节。限期治理期限原则上最长为一年,但完全由于不可抗力的原因,导致被限期治理的排污单位不能按期完成治理任务的可以适当延长;排污单位在限期治理期限届满前,认为其已完成限期治理任务,也可以向决定限期治理的环境保护行政主管部门提出解除申请。对已完成限期治理任务的排污单位可解除其限期治理;对于逾期未完成限期治理任务的,环境保护行政主管部门将报请人民政府责令关闭。

3. 主要问题

限期治理制度作为我国环境行政执法的一种有效手段,对促进解决部分环境点源污染问题起到良好的效果，但从目前该项制度的实施情况来看，还存在以下几个方面的问题：

一是限期治理的期限执行不严。我国现行的限期治理制度中对"治理限期"虽规定"最长不得超过 1 年"，但又提出"完全由于不可抗力的原因，导致被限期治理的排污单位不能按期完成治理任务的除外"，在执行中易出现限期治理迟延不决的现象。即使行政主管部门作出了限期治理的决定，实践中往往出现被限期治理单位以资金紧张正在筹措、治理技术正在考察、生产合同需要执行等理由，而迟迟不进行治理工程，在治理限期内继续生产、排放污染。

二是治理不到位的后续处罚不严。虽然限期治理相关办法均有提出"对于逾期未完成限期治理任务予以处罚"的规定，但目前我国环境行政处罚普遍偏轻，存在部分排污者不愿花大力气整改而宁愿"交罚款买污染"，从而出现限期治理、罚款、再限期治理、再罚款的怪圈。虽然环保法规定"情节严重者可报经有批准权的人民政府批准，责令停业、关闭"，但在实际执行中，地方政府基于经济利益、社会稳定等方面考量，鲜有真正停业、关闭的情况。罚处不重也是促使排污单位治理不力、治理效果不巩固、重复限期治理的原因之一。

3.2.6　排污权有偿使用和交易制度

排污权有偿使用是指在区域排污总量控制的前提下，排污单位依法取得排污权指标，并按规定缴纳排污权有偿使用费的行为。排污权交易是指在区域排污总量控制的前提下，排污单位对依法取得的排污权指标进行申购和出让的行为。由于当前排污权有偿使用和交易在我国并未全面铺开，只是以试点的形式推进。

1. 发展历程

国际上，排污权交易理论最早是由美国经济学家 Crocker Thomas、Ronald Coase 和 Dales John 于 20 世纪 60 年代提出，其基本思想是将环境容量资源引入到市场中，并在政府的规范下，利用市场机制实现环境容量资源的优化配置。美国也是最早将排污权交易理论进行实践的国家。1975 年起，美国就开始尝试将排污权交易用于大气污染源管理，并逐步建立起排污权交易政策，其发展大致可以分为两个阶段：第一阶段为 20 世纪 70 年代中期到 90 年代初，主要是在政府协调下，开展区域或局部的排污权交易，建立了基于排放消减信用（Emission Reduction Credits）的交易体系，由泡泡、补偿、银行和容量节余四大政策组成。第二阶段以 1990 年通过的《清洁空气法》修正案并实施酸雨计划为标志，排污权交易制度被予以法律化[16]。美国酸雨计划的成功凸显了排污权交易政策的巨大价值，通过排污权交易削减的 SO_2 量占到削减总量的 75% 以上。此后，美国的排污权交易从大气污染领域拓展到水污染控制领域，主要发生在科罗拉多州、威斯康星州等地，交易形式包括点源与点源、点源与非点源等。除美国以外，德国、澳大利亚、加拿大、英国等国家也相继开展了排污权交易实践。

我国对排污权交易的探索实践可以追溯到 20 世纪 80 年代末期。1987 年，上海市闵行区开展了企业之间水污染物排污指标有偿转让的实践；1988 年 3 月 20 日，国家环保局颁布实施的《水污染物排放许可证管理暂行办法》第四章第二十一条规定：水污染排放总量控制指标，可以在本地区的排污单位间互相调剂。1994 年，国家环保局在 16 个城市的大气污染物排放许可证制度试点工作的基础上启动了包头、开远、太原等 6 个城市的大气排污交易试点工作。此后，随着我国排污总量控制制度的不断发展和完善，污染物排放指标资源的价值日趋显现，排污权有偿使用和交易制度也得到进一步发展。2007 年，财政部、环境保护部正式开展排污权有偿使用试点工作；2011 年，国务院《"十二五"节能减排综合性工作方案》（国发〔2011〕26 号）提出，把完善主要污染物排污权有偿使用和交易试点、建立健全排污权交易市场作为节能减排市场化机制建设的重要内容；2012 年，党的十八大把排污权制度作为生态文明制度建设的内容写入报告中；2013 年，十八届三中全会提出要推行排污权、水权交易制度。通过数年的努力，排污权有偿使用和交易工作可谓发展迅速，目前已有江苏、浙江、河北、河南等 11 个省（市）正式获批为国家级排污权有偿使用试点地区。2014 年 8 月，国务院办公厅出台《关于进一步推进排污权有偿使用和交易试点工作的指导意见》（国办发〔2014〕38 号），以此推进全国各地排污权有偿使用和交易的试点工作。但截至目前，我国国家层面并未明确排污权交易的法律地位，也尚未出台国家统一的规范性、指导性文件。

浙江省是全国排污权有偿使用和交易试点工作开展较早、发展较快的地区，自试点启动以来，一直采取自下而上的探索方式，鼓励各试点地区在原则统一的前提下自主创新，目前已形成较为完整的一套体系，同时也是国内较为典型的一套模式。早在 2002 年，浙江省部分县、区便开展了对排污权交易的自主探索，如嘉兴市秀洲区政府于 2002 年 4 月就出台了《秀洲区水污染排放总量控制和排污权有偿使用管理试行办法》；2007 年 11 月 10 日，嘉兴市建立了国内首家排污权交易管理机构，嘉兴市排污指标储备交易中心，标志着浙江省在排污权交易制度探索道路上已走向正式试点发展的轨道。同年，浙江省环保厅下发《关于开展排污权交易试点工作的通知》，在全省层面初步启动排污权交易试点工作；2009 年 3 月，浙江省获批全国排污权有偿使用和交易的试点省份，并出台《浙江省人民政府关于开展排污权有偿使用和交易试点工作的指导意见》，排污权交易试点工作得以推进迅速。近年来，在总结前期探索实践经验的基础上，浙江省相继出台一系列政策文件，对排污权有偿使用和交易工作进行逐步规范，内容涉及试点工作暂行办法及实施细则、指标核定分配、收费标准、资金管理、抵押贷款、操作程序等。截至 2015 年底，浙江省累计开展排污权有偿使用 17 862 笔，执收有偿使用费 37.88 亿元，排污权有偿使用企业范围实现全省环统重点调查企业全覆盖；排污权交易 6 885 笔，交易额达 12.77 亿元。

2.　核心内容

排污权有偿使用和交易是运用市场机制促进污染减排和环境保护、提高环境容量资源配置效率的有效手段，也是促进解决环境容量资源有限和经济社会持续较快发展之间矛盾的有效助力。开展排污权有偿使用和交易，有利于确立"环境容量是稀缺资源"的理念，有利于促进政府行政管理的精细化、信息化，有利于促进企业治污技术和管理创新，推动环境容量资源的优化配置，推动全社会污染减排总成本降低。我国对于排污权有偿使用和交易制度的建设主要包括以下四个方面的核心内容：

排污权核定与分配。对现有排污单位的排污权，需根据有关法律法规标准、污染物总量控制要求、产业布局和污染物排放现状等进行核定，并以有偿使用的方式获得分配；对新建、改建、扩建项目的排污权，应根据其环境影响评价结果核定，并通过市场交易获取指标。排污权以排污许可证形式予以确认。需要强调的是，排污权有偿使用和交易的制度的构建和实施始终遵循总量控制的总体要求。排污权核定与分配是排污权有偿使用和交易制度执行的基础。

排污权有偿使用。排污单位需以有偿的形式获得核定的排污权指标。同时，在规定期限内，排污单位对所持有的排污权拥有使用、转让和抵押等权利。有偿取得排污权的单位，不免除其依法缴纳排污费等相关税费的义务。

排污权交易。排污权交易是排污权有偿使用和交易制度真正发挥作用的关键环节，通过排污权指标的交易流转，达到环境容量资源有效配置、全社会污染减排成本降低等政策目的。排污权交易应在自愿、公平、有利于环境质量改善的原则下进行，由政府明确排污权交易范围、交易方式、操作规则等。

排污权使用监管。主要是指对排污单位实际排污情况的监测、排污总量的核定以及排污行为的执法监管等，是排污权有偿使用和交易制度得以持续、有效执行的保障。

3. 存在的问题

目前全国已经开展排污权有偿使用和交易试点的 11 个地区实施进展和深度颇不平衡，政策制度体系建设参差不齐，试点开展范围、适用污染因子等各不相同，制度实践还存在多方面的问题，主要包括：

一是法律法规和政策体系支撑不足。目前国家层面尚无法律明确排污权的属性，排污权有偿使用和交易在法律层面上仍缺乏保障；且国家层面也尚未出台关于排污权有偿使用和交易工作的系统性、规范性操作文件，致使各地开展排污权交易在方式、手段、范围等方面存在很大差异，缺乏有效的约束机制。从试点地区的政策体系制定情况来看，浙江、重庆、湖南等地发布了较为齐全的政策体系，而天津、河南、陕西等地区仅对排污权有偿使用和交易进行笼统规定，缺乏更为细致的技术性规范，不利于排污权有偿使用和交易工作的全面推进。

二是现行环境行政管理体系尚不能满足排污权交易所需。排污权有偿使用和交易政策的运行需要政府和市场协调配合，市场为政策运行的主体，政府则提供市场构建的基本条件、引导市场建立和规范管理等。但在实际运行中，行政对排污权交易往往干预过多。另外，现有环境行政管理体系尚存在多头管理等弊端，对于单个排污单位的排污量管理具有多个管理体系、多套管理数据的现象，且目前环境行政管理精细化不足，对于区域或单个点源排污权总量管理并不清晰，导致排污权资源的稀缺性、指标量的严肃性等方面都存在欠缺，十分不利于排污权有偿使用和交易政策的推进。

三是理论研究及技术支撑有待加强。排污权有偿使用和交易制度实施的关键技术还存在难点，现有的理论研究尚未形成对政策实施的有效支撑。如排污权权属、排污权交易的污染介质和条件等基础性研究有待进一步加强；分配技术方面，对企业的总量核定尚无规范的技术方法，企业环评批复量的有效性核定、与实际监测量的比对和选取、行业排污绩效标准的制定等均没有明确的规范，在指标初始核定的科学性、公平性上存在欠缺；各试点地区初始排污权的核定分配与区域总量的衔接仍然不够，排污权指标的区域量化管理技术尚未形成；排污权有偿使用和交易的后监管方面，实时监测（在线监测、刷卡排污等）覆盖面较小，且在线监测设施的数据准确性和稳定性依然存在争议，需在技术上和运行管理上进一步提升，并应建立一套科学规范的企业实际排放总量核定技术等。

3.2.7　现行其他污染源管理制度的应用局限

除排污许可证制度外，环境影响评价、"三同时"及环保设施竣工验收、总量控制、排污申报登记和排污收费、污染限期治理、排污权有偿使用和交易等现有污染源管理制度经过多年以来的实施，在防治污染、改善环境状况方面起到十分重要的作用。这些制度之间存在着作用时间、管理内容上的渐进层次关系，但在实践中仍未能有效地衔接整合，致使尚未构成一个高效、紧凑、严密的点源环境管理体系。究其原因，主要是这些制度在管理内容上作用领域有限，通常只作用于某一阶段，没有常规性的能贯穿污染防治全过程、全方位的制度，缺乏一项核心、统领性的管理制度；在具体执行上独立且分散，缺乏良好的协调性，导致一些政策难以有效实施，环境管理目标难以按期实现；在操作程序上仍处于分头行事，缺乏高效整合措施，十分不利于提高整体监管效率，具体分析如下：

首先，从制度内容上而言，这些污染源管理制度的作用领域有限。环境影响评价制度和"三同时"制度是对污染源排放的预防性管理措施，是对新建项目建设、运营的附条件许可，仅作用于项目筹备及建设期，对于项目运营后如何保证实现环评所要求的污染治理水平和污染物排放要求，则无相关监管要求，可以说是一种"静态"的管理制度[17]。总量控制制度从制度内涵上可以实现对项目排污总量的分配以及运营期实际排污总量的管控，但在具体实施中通常只强化了地区总量控制目标责任的分解，对于单个污染源实际排污量的管控手段十分缺失；虽然总量控制制度的控制目标会根据具体控制需求进行动态调整，但其作用面仅在于污染物排放总量，对于污染源其他环境行为并无涉及。排污申报和收费作为贯穿项目运营期的污染源管理制度，目前只是对排污行为的一种确认，应用经济手段对排污行为加以管控，具有相对普适性，但其仅作用于排污行为发生之后，且制度本身不具备排污行为的管制作用。污染限期治理制度是对污染源排污行为的末端管理措施，仅作用于污染源违法排污行为发生之后。排污权有偿使用和交易制度是总量控制体系下对污染源管理的一种经济刺激手段，注重对环境资源的市场化配置，作为一项环境管理的制度创新，目前在对指标初始分配、实际排污量核定等方面还存在欠缺，排污权本身还存在法律权属不明的尴尬。可见，以上现有其他污染源管理制度中并没有常规性的能贯穿污染防治全过程、全方位的制度，缺乏一项核心、统领性的管理制度。

其次，从制度衔接上而言，这些污染源管理制度操作独立且分散。环境影响评价作为项目建设实施的附条件许可，其相关要求及承诺并未引起排污单位甚至地方环保行政主管部门的足够重视，认为在环评审批通过后该项制度的管理便告一段落，因而在"三同时"制度执行中若没有按照环评文件要求实施，则将导致存在大量批建不符、难以完成环保设施竣工验收的情况[18]；排污申报和收费作为污染源排污行为的基础性制度，其数据的可靠性一直以来存在较大争议，也直接导致排污费不能按实收取，同时致使该项制度成为污染源环境管理制度中十分独立的一项内容，围绕排污收费进行排污申报，工作量大且作用面窄；污染源限期治理制度操作独立，与其他污染源环境管理制度关联性较弱，且制度本身还存在许多问题，诸如缺乏对治理过程的控制、治理期限不够明确、处罚形式单一、强度不够等问题[19]；排污权有偿使用和交易虽然理论上是在总量控制制度体系下运行，但目前实际操作中，却存在排污权与区域排污总量衔接性不够的问题。这些制度间缺乏有效协调，导致一些政策难以有效实施，环境管理目标难以按期实现。

最后，从制度整合上而言，这些污染源管理制度有待进一步简化。目前已有的污染源管理制度遍布于建设项目生命周期的各个阶段之中，种类多且程序繁复，图 3-1 为现行的企业生存周期全过程污染源管理流程。由图可知，一个建设项目在投产运营前，在环境管理方面，需经过环境影响评价审批、环保设施竣工验收、排污许可证核发 3 项行政许可，且这些行政许可归口不同业务处室，在申请材料提交、审核、通过等方面均需按照制度原有要求按步操作，企业普遍反映环节多、材料多、时间长、负担重等，在当前行政体制改革的大趋势下，通常采用压缩行政办理周期的方式提高效率，却没有对这些制度本身进行有效整合。在建设项目运营期，可能涉及重污染行业排污费减缴、免缴、缓缴审批等非行政许可审批，需要施行排污申报登记、排污费征收、限期治理验收等多项的行政职能。其中，排污收费、排污权有偿使用和交易、总量控制等制度均需对建设项目的实际排污量进行核定，但在实际操作中，各项制度自成一套数据，没有进行有效衔接和统一，增加企业自身环境管理和行政主管部门环境管理的负担。此外，由于目前我国普遍存在环境守法成本高、环境违法成本低的现象，企业因利益驱使，在生产运营期间没有合理运用污染防治设施，存在超标排、超量排、偷排等环境违法现象，环境监管压力较大，但目前各项污染源管理制度在整合上存在的缺陷，十分不利于提高环境监管效率，亟须对这些污染源环境管理制度进行科学重构。

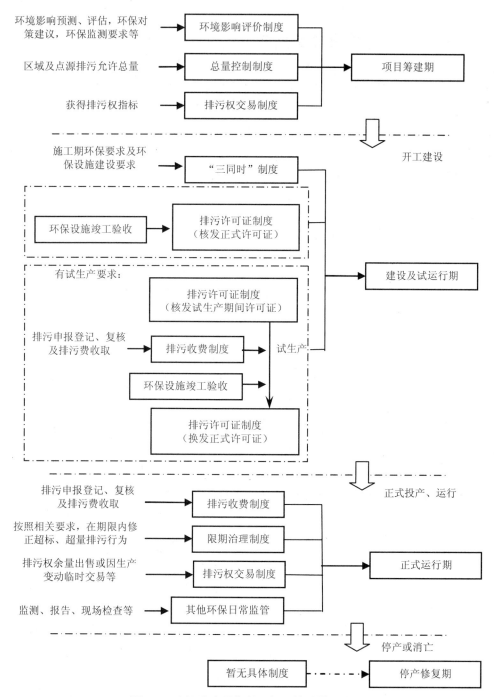

图 3-1　点源生存周期的现行污染源管理流程

3.3 排污许可证制度改革启示

从国内外的实践经验可以看出，成熟的污染源管理体系往往都以排污许可证制度作为最基础性的管理制度。而行之有效的排污许可证制度则必须是污染防治的核心制度，即以排污许可证制度为核心，衔接其他环境管理制度，贯穿整个污染源生命周期的管控。本节基于对国内外关于排污许可证制度的研究和实践进展的系统梳理，并结合我国污染源环境管理体系的现实情况，对今后排污许可证制度在我国的实践方向作出分析和判断。

3.3.1 排污许可证制度改革总体方向

首先，从排污许可证制度本身来讲，现有的排污许可证制度实践未能充分利用排污许可证制度的丰富内涵，导致其应用外延十分狭窄。在管理项目上通常只涉及废水和废气，未将噪声等纳入许可范围，从污染适用范围上来看仍较为狭窄；在管理内容上通常只强调排污总量和排污浓度，对于实现合法排污的必要手段如环保治理设施、企业自我监测等其他环境行为尚未作出规范要求，不利于对点源排污行为的高效管控；在管理阶段上一般仅作用于项目运行期，对于项目筹建期、建设期以及停产关闭期的环境行为管理尚无涉及，未能实现对点源生存周期的全过程监管。因此，排污许可证制度改革应充分认识其制度内涵，扩充并延伸其管理范畴，实现排污许可证制度对水、气、噪声、固废等各污染要素的综合管制，将排污单位全生命周期的环境行为均纳入管理范畴。

其次，从环境管理制度体系整体效能来讲，目前各项环境管理制度各行其是、管理分散，整体效能不高，排污许可证制度的主轴作用未能得到体现。环境影响评价、"三同时"、排污收费、限期治理、总量控制和排污权交易等制度存在着作用时间、管理内容上的渐进层次关系，但通常只作用于某一阶段，未能有效地衔接整合。而现行的排污许可证制度在建设项目环保设施竣工验收后方才介入，其对于环境影响评价制度、"三同时"制度的衔接十分欠缺，同时在点源生产运行期间，其与排污收费制度、日常环保监管等也尚未建立良好的互助关系，致使排污许可证制度在当前的实践中成为对现有环境管理体系的一个修补，其实施是在已有的诸多环境管理制度上的步骤累加，和其他污染源管理制度相平行甚至地位更低的一种管理行为，并未成为环境管理体系的核心制度，也使现行整个点源环境管理体系缺乏主轴。因此，排污许可证制度改革需真正确立其在环境管理体系中的核心地位，整合、衔接其他污染源环境管理制度，促进环境管理制度体系向高效、紧凑、严密发展。

综上所述，排污许可证制度改革的总体方向，是要打造"一证式"的管理模式，即以排污许可证制度为核心，全面整合污染源环境管理制度体系，实现排污许可证对污染源在管理对象、管理时段、管理内容上的"一证式"全面监管。"一证式"排污许可证管理代表了一种与当前的管理模式完全不同的、全新的污染源管理手段，体现了简政、高效的管理思路，顺应了未来环境管理的发展趋势。"一证式"排污许可证制度体现了一种崭新的管理思维和方法，是实现环境管理根本突破的手段。通过推进"一证式"排污许可证管理，可以实现对我国现有的污染源管理体系的重塑。这也是近年来国内许多学者对排污许可证制度改革的主流倾向[20, 21]。但对于如何实现"一证式"排污许可证制度，目前尚未有系统的研究。

3.3.2　排污许可证制度改革必要性分析

我国现有的污染源管理体系发展多年，在污染防治方面曾发挥了巨大作用。然而，随着经济的不断发展，环境质量恶化趋势仍难以遏制，环保形势愈加严峻，改善原有的环境管理模式已是迫在眉睫。排污许可证制度作为国际通行的一项环境管理基本制度，许多发达国家将其作为污染源管理的核心和支柱。在我国环境管理体系优化发展中，排污许可证制度也需发挥应有的作用。因此，推进排污许可证制度改革势在必行。

1.　排污许可证制度是环境管理的重要手段

首先，排污许可证制度是一项国际通行的环境管理措施。在国际社会上，排污许可证制度被称为污染控制法的"支柱"，已被公认为是一种切实减少污染物排放的有效控制措施，主要通过对排污者综合的、系统的、全面的、长效的统一管理，从而实现一体化和全过程环保管理思想，进而保护环境资源、保障环境公益、改善环境质量。美国、日本、法国、瑞典、加拿大等国自 20 世纪 70 年代开始便开展了排污许可证制度的探索和实践，经过几十年的发展，已经具备了完善的管理体系和丰富的制度内涵，为我国实施排污许可证制度提供了多样、有效的参考，同时也以实践证明了该制度的有效实施可以为环境保护及经济可持续发展带来重大效益。例如，美国的酸雨计划，作为大气污染排污许可控制及由此延伸的交易活动，自 1995 年实施第一阶段计划后，二氧化硫排放降低到了 500 万吨，低于

1980 年的水平，美国东部酸雨出现的次数减少了 10%~25%；至 2009 年，酸雨计划下的单位排放二氧化硫约 570 万吨，远远低于 2010 年的分配总量。

其次，排污许可证制度是我国环境管理的一项基本制度。对排污行为的管控是环境管理的重中之重。早在 1989 年召开的第三次全国环境保护会议上，排污许可证制度就被正式确定为八项环境管理制度之一。近年来，实施排污许可证制度更是被进一步强调，并将其作为环境管理制度改革的重要事项之一。2013 年 11 月，党的十八届三中全会通过的《中共中央关于全面深化改革若干重大问题的决定》中明确提出，"要改革生态环境保护管理体制。建立和完善严格监管所有污染物排放的环境保护管理制度，独立进行环境监管和行政执法"；"完善污染物排放许可制，实行企事业单位污染物排放总量控制制度。"2014 年新《环境保护法》中亦明确提出"国家依照法律规定实行排污许可管理制度"。可见，排污许可证制度作为《环境保护法》的一项基本要求，作用于限制排污者的排污总量、规范排污者排污行为的全过程，是环境管理过程中必须有效实施的一项基本制度。

再次，排污许可证制度是改善环境质量的根本所在。环境管理的最终目标是为了改善环境质量。当前，随着我国经济建设的不断深入，社会发展需求与资源环境约束的矛盾日益突出。2010 年，中国环境宏观战略研究结论提出：中国的环境压力比任何国家都大，环境资源问题比任何国家都突出。当前，我国环境恶化的趋势总体上尚未得到遏制，环境质量形势依然严峻，整体状况令人堪忧。国家环境质量公报数据显示：2013 年长江、黄河、珠江、浙闽片河流、西南诸河等十大水系的国控断面中，Ⅳ~Ⅴ类水质以及劣Ⅴ类水质的断面比例分别高达 19.3% 和 9.0%，即有近三成水质达不到生活饮用水标准；2013 年全国 74 个新标准监测实施城市环境空气质量仅海口、舟山和拉萨 3 个城市达标，仅占 4.1%，74 个城市平均超标天数比例为 39.5%；全国 44.4% 的城市为酸雨城市，其中较重酸雨和重酸雨城市占 17.9%；2013 年中国遭遇了 52 年以来最严重的雾霾，安徽、湖南、湖北、浙江、江苏等 13 地均创下"历史纪录"，华北中南部至江南北部的大部分地区雾和霾日数范围为 50~100 天，部分地区超过 100 天。在经济社会不断发展和环境承载能力急速缩减的情况下，对向环境受纳体排放污染物的约束显得更为重要，而科学、有效地实施排污许可证制度，实行对排污行为综合、系统、全过程的长效管理，则是改善环境质量的根本途径。

2. 改革现有排污许可证制度符合行政体制改革的发展方向

首先，现行的排污许可证制度尚不能真正发挥制度本身的效应。早在 20 世纪

80 年代末期，我国便开始探索排污许可证管理工作，组织了一批试点地区展开实践，如上海、江苏、广东、四川、云南、重庆等地都是我国较早探索开展排污许可证工作的省（市）。目前我国 34 个省、自治区、直辖市中，已有 26 个省（自治区、直辖市）制定了地方排污许可证管理办法，部分地区如云南、辽宁、上海、江苏、福建等地已经将其纳入地方环境保护条例中。虽然我国推行排污许可制度迄今已有 20 多年的历史，但是至今仍尚未形成完善、有效的执行体系。目前实施的排污许可证制度由于法律保障支撑不足、设计上定位不清、后续监管尚未跟上等原因，致使现行的排污许可证制度仅停留在注册制度初级层面，且证书发放的科学性也不够、发放范围及种类覆盖面均较小，尚未真正实现对现有环境管理制度的有效整合以及对排污单位排污行为的全过程监管，也难以发挥控制环境污染、改善环境质量的作用。因此，需尽快改革和完善现有排污许可证制度体系，进一步明确排污许可证制度的定位、作用以及预期效果，并从外部性角度，理顺排污许可制度与其他污染源环境管理制度的关系，对不同制度进行有机整合，重新设计排污许可证实施流程和机制，以真正发挥排污许可证的环境管理作用。

其次，行政改革大趋势下环境管理发展需要"一证式"的排污许可证制度。当前我国大力推进行政审批制度改革，要求在"简政放权"、"改革审批方法"的同时，强化事中、事后监管，推进政府由重审批、轻监管转为宽准入、严监管，逐步建成以宏观调控、市场监管、公共服务为主的现代政府管理职能，推动政府部门工作重心向制定规则和强化监管转移。在此形势下，环境管理发展需要有一项切实有效的全过程环境监管制度，能够有效管控排污单位整个生命周期中的环境行为。改革现行的排污许可证制度，一则实行对排污单位全环境要素的综合管理，汇总环境管理各个方面的具体要求，全面、清晰、明确地在改革后的排污许可证中体现排污单位的守法要求、管理部门的执法内容、公众监督的具体信息，进一步提高环境管理效率；二则实行对排污单位全生命周期过程的管理制度，以改革后的排污许可证一证监管建设项目筹建期、建设期、运营期、退出期的环境行为，充分体现有效强化对排污单位事中、事后监管的要求；三则通过改革现行排污许可证制度，从流程设计和管理内容上对现行的各项污染源管理制度进行整合，有效填补现行各项制度之间的缺位、有机串联各项制度的作用领域、解决各项制度行政管理操作中的重叠重复现象，从而提升环境管理综合效能。可见，无论从哪个方面，改革现行排污许可证制度，打造"一证式"排污许可证管理制度都充分体现了当前行政审批制度改革、政府职能转变和管理创新的有关精神。

第三，各界对"一证式"排污许可证改革呼声日益趋高。从政府角度，随着环境保护事业的发展，环保管理部门需要进一步实现对污染防治精细化、准确化、定量化、动态化的行政管理，而通过实行"一证式"排污许可证管理则可以进一步规范环保行政主管部门对排污单位的信息采集、审核和跟踪管理，从而实现环保部门有效监管排污单位的环境行为、准确掌握排污单位的环境行为动态，提升管理的质量与效率，因此成为政府环境管理发展的一大需求。从企业角度，目前环境部门对排污单位分阶段的多头管理，使得排污单位非常迷茫，"一证式"排污许可证管理模式可以较为系统地指导排污单位规范环境行为，是排污单位乐于接受的管理方式。从公众角度，随着人们生活水平的不断提升，对环境质量的要求日益趋高，参与环境保护的热情度也日益增加，良好的参与平台和监督渠道成为公众最为迫切的要求，而"一证式"排污许可证管理将排污单位的环境行为信息较为集中、系统地提供于公众，为公众监督提供了一个有效平台，极大地方便了广大群众参与到环境保护中来。此外，近年来学界对于排污许可证制度的研究逐渐突破以往框架式讨论、排污许可证制度在其他某项环境管理制度（如总量控制、排污权交易等）中的应用、实施现状分析等方面，开始向对排污许可证制度本身的规范性研究发展，并从外部性角度分析提出要确立排污许可证制度在环境管理制度中的核心地位，使其与其他环境管理制度充分衔接等，也为"一证式"排污许可证改革奠定一定的理论基础。

3. 实施"一证式"排污许可证制度是环境管理发展的必然需求

实施"一证式"排污许可证制度十分有助于构建环保大数据。当前，大数据的发展时代已经来临，环境保护作为社会各界共同关注的焦点之一，其数据的准确采集、分析处理和管理应用等显得十分重要，希望以此更为准确地得知环境保护当前状况和发展形势。环保大数据构建的基础就是采集一整套实际、准确的数据，如对于污染源管理而言，目前环境管理中依然存在多套数据共存的现象，环评审批、排污收费、排污权核定、总量分配等都各有一套数据，且数据系统分散，十分不利于环保大数据的构建。"一证式"排污许可证制度的实施可以将污染源生命周期中各节点的数据进行良好核定登载，从而形成一套系统、科学、真实、准确的污染源的环境管理数据。在此基础上，可以有效推进环保大数据的构成，进一步推动环境管理精细化，一则形成基于污染源管理的数据资源分布可视图，就如同"电子地图"一般，使得环保部门的管理者可以更直观地面对污染源企业，从而提升环境管理效率；二则可以协助环保部门更好地预测未来走向，使环境管理更有针对性，有效降低环境管理风险；三则可以通过大数据的构建提供更多环境保护的社交信息数据、公众互动数据，促进环境信息公开建设，进一步提升环保公众服务能力。

实施"一证式"排污许可证制度可以有效提升环境管理水平。改革后形成的"一证式"排污许可证制度是贯穿于污染源产生、运行、消亡全过程的便于操作、信息集中、长效管理的基础性核心管理制度。通过对"一证式"排污许可证制度的实施，一是进一步提升了环境管理效率，以一证综合的形式全面汇总对排污单位环境行为的各项管理要求，便于政府依证监管、企业依证执行及公众依证监督，同时强化了对排污单位全生命周期过程的管理，使得对污染源的环境管理更为全面、系统和高效；二是进一步提升了环境管理效能，以"一证式"排污许可证监管有机衔接环境影响评价、"三同时"、排污申报和收费、总量控制、排污权交易以及污染源限期治理等各项现有环境管理制度，对各项制度规定进行系统梳理、有效整合，将原先独立、分散的各项制度成为对污染源的一个系统性管理体系，也使得职能处室间的管理更为系统、连贯，有效改变各职能处室当前对排污单位环境行为各抓一头的现象，提升环境管理综合效能；三是进一步提升了环境管理地位，包括在系统内部树立核心污染源管理制度，进一步体现污染换环境管理有令必行，强化对排污单位环境管理的震慑力；树立"一证式"排污许可证作为排污单位环保"身份证"，实行排污许可证一证对外的管理模式，强化环境管理在外系统间的权威性。可见，"一证式"排污许可证制度作为政府部门的执法文书，作为排污单位的守法依据，作为公众参与监督的重要凭借，充分融汇了各个层面、群体的环境保护需求，功能强大、意义深远，为共同推进环境保护事业提供有效助力。

3.3.3　排污许可证制度改革可行性分析

1. 排污许可证制度改革时机成熟

新环保法出台为排污许可证制度改革提供了契机。我国的排污许可证制度已经开展 20 余年，但实施效果一直不尽如人意。其中，法律基本支撑的不足是困扰排污许可证制度发展的重要原因。2014 年 4 月 24 日新修订通过的《环境保护法》明确了国家依照法律规定实行排污许可管理制度的规定，给排污许可证制度提供了更强的法律基础支撑。借由排污许可证制度即将全面推广的时机，可以对现有的排污许可证制度进行改革，使其充分发挥对污染源的管理作用。同时，新《环境保护法》取消或者淡化了环保设施竣工验收、排污申报等相关条款，预示着下一步改革方向将走向制度整合，也为排污许可证制度改革创造了条件。此外，环保行政管理体制改革也为排污许可证制度提供了良好的改革大环境。排污许可证制度的改革不单单涉及到许可证本身，也是对整个环境管理体系的重塑。行政管理体制改革中简政、放权、高效、便民的改革思想，以及由此带来的环评审批制度改革以及企业上市环保核查等非行政许可事项撤销等一系列改革趋势，有利于简化环境管理流程，整合环境管理制度的改革方向。

2. 排污许可证制度改革意愿强烈

当前，随着现代政府管理职能转变趋势，政府部门工作重心逐步向制定规则和强化监管转移，环境管理部门需要有一项权威的"一证对外"的全过程环境监管制度，有效管控排污单位整个生命周期中的环境行为。以浙江省的经验为例，自2013年省环保厅提出排污许可证制度改革想法以来，该项工作得到了基层环保部门的积极响应，舟山、海宁、嘉善、柯桥作为改革先行试点地区，率先对排污许可证制度改革方案进行探索，体现出强烈的改革需求。从企业层面看，虽然还有众多小企业持证排污意识不强，但从大中型企业调研来看，普遍认为目前环保多项制度的多头管理过程繁琐、效率不高，都迫切期待有一项统一的、完整的、明确的、公正的环境行政许可作为守法依据，以系统规范排污单位环境行为，指导企业环保管理。从公众层面看，社会公众迫切需要有相关途径参与环境管理，确保自身的环境知情权，避免环境污染造成损害，排污许可证制度改革可以将排污单位的环境行为信息较为集中、系统地提供于公众，为公众监督提供一个有效平台。

3. 排污许可证制度改革基础充分

污染源环境管理体系经过数十年的发展，无论在技术上还是理念上，都有了弥足的发展，这也为下一步推进排污许可证制度改革提供良好的基础。首先，在污染源监测方面，已从原有的定期采样监测，发展到传统监测方式与现代化在线监测、刷卡排污相结合，对污染源的监控能力有了质的提升。监督监测是强化监督管理，确保排污许可证制度顺利实施的重要手段。相比传统的监测方式，在线监测可以节省监测成本，提升监控能力。目前全国已全面推行国控重点源在线监测，部分发达省份，如浙江省已实现省控以上自动监控站点全年联网率均稳定在90%以上，并创新推行刷卡排污这一总量监管手段，明确规定排污企业在达标排放的同时，不能超出排污许可证的许可总量排放污染物，在污染物排放量到达分配额度时实施预警、远程关停等控制措施。通过在线监测和刷卡排污，可以对企业的污染物排放情况进行实时、有效的监督和管理，为排污许可证制度的实施提供了重要保障。其次，环保信息化建设进展快速，有效推动了排污许可证制度的信息共享交互。新修订的《环境保护法》在第七条明确提出，促进环境信息化建设，提高环境保护科学技术水平。作为国家软实力的重要体现，信息化在经济发展和社会生活的各个方面都发挥着重要作用，在环境管理方面则有效地推动企业承担环境责任、引导公众监督。信息化建设不仅是提高环境管理效率的有力手段，也为制度间的整合提供了信息支撑，为环境管理体系的重塑创造了良好的信息环境，也为排污许可证制度改革提供有效助力。再次，对于开展排污权交易的地区，排污许可证是排污权有偿使用和交易得以实施的载体，是开展排污权有偿使用和交易的必要条件。利用市场手段配置环境资源是环境管理发展的一大方向，排污权有偿使用和交易制度的推进，对排污许可证制度的发展提出了要求，也进一步促进了排污许可证的推广和使用。可见，当前实施排污许可证制度改革已有一定基础，对排污许可证制度进行改革既是提升环境管理能力的合理要求，也是顺应当前发展形势的必然选择。

参考文献

[1]　蔡文灿. 整合视野下的排污许可证制度探析[D]. 武汉：武汉大学，2005.

[2]　孙俊峰. 浅谈中国排污许可证制度[J]. 环境科学导刊，2011，30（5）：18-20.

[3]　夏光，冯东方，程路连，等. 六省市排污许可证制度实施情况调研报告[J]. 环境保护，2005（6）：57-62.

[4]　段菁春，云雅如，王淑兰，等. 中国排污许可证制度执行现状调查[J]. 环境科学与管理，2012，37（11）：16-20.

[5]　卢瑛莹，冯晓飞，陈佳，等. 基于"一证式"管理的排污许可证制度创新[J]. 环境污染与防治，2014，36（11）：89-91.

[6]　蔡美芳，李开明，杜建伟，等. 我国水污染源点源环境管理政策与制度研究[J]. 环境科学与技术，2012（S1）：415-418.

[7]　韩广，杨兴，陈维春，等. 中国环境保护法的基本制度研究[M]. 北京：中国法制出版社，2007.

[8] 陈维春，何晖. 国际环境影响评价法律制度刍议[J]. 求实，2006（z4）：110-111.

[9] 陈庆伟，梁鹏. 建设项目环评与"三同时"制度评析[J]. 环境保护，2006（23）：42-45.

[10] 王卓晖. 论我国《环境保护法》"三同时"制度价值理念与现实瓶颈的冲突[J]. 法制博览（中旬刊），2013（2）：30-31.

[11] 徐宗学，徐华山，吴晓猛. 流域 TMDL 计划中的关键技术[J].水利水电科技进展，2014，34（1）：8-13.

[12] 杨波，尚秀莉. 日本环境保护立法及污染物排放标准的启示[J]. 环境污染与防治，2010，32（6）：94-97.

[13] 中国清洁空气联盟.空气污染治理国际经验介绍之伦敦烟雾治理历程[R].北京：中国情结空气联盟，2013.

[14] 王金南. 排污收费理论学[M]. 北京：中国环境科学出版社，1997.

[15] 王勇. 环境保护限期治理制度比较研究——基于日美类似制度的思考[J]. 行政与法，2012（10）：116-120.

[16] 李晓绩. 排污权交易制度研究[D]. 长春：吉林大学，2009.

[17] 董小林，袁玉卿，孙建美，等. 建设项目全程环境管理制度体系构建[J]. 环境科学与管理，2009，34（9）：1-5.

[18] 张立辰. 建设项目环境管理和环境监察中的不足及对策[J]. 内蒙古环境科学，2008，20（2）：50-52.

[19] 黄锡生，夏梓耀. 论限期治理制度[J]. 河北法学，2014，32（2）：40-47.

[20] 罗吉. 完善我国排污许可证制度的探讨[J]. 河海大学学报（哲学社会科学版），2008，10（3）：32-36.

[21] 宋国君，韩冬梅，王军霞. 中国水排污许可证制度定位及改革建议[J]. 环境科学研究，2012，25（9）：1071-1076.

第 4 章

排污许可证制度改革研究：总体思路

本章基于上文的调查分析，正式提出"一证式"排污许可证制度的基本概念，并对制度基本框架进行设计；根据"一证式"排污许可证制度内涵，结合现有其他污染源环境管理制度内容，将污染源环境管理流程重新构造，并详细阐述了"一证式"排污许可证制度与其他管理制度间的关系重构和衔接方式，形成排污许可证制度改革的总体思路。

4.1　"一证式"排污许可证制度基本概念

4.1.1　"一证式"排污许可证制度定义

近年来，学界对排污许可证已形成了"一证式"管理思维的雏形，但是这些已有的"一证式"管理研究仍以原则性表述为主，其概念还未成体系。本书认为，"一证式"管理的排污许可证制度就是在管理对象、管理时段、管理内容上全面实现"一证式"管理，具体包含三方面内涵，即一是实现水、气、噪声、固废等各污染类型的综合许可，二是实现排污单位生命周期的全过程许可，三是实现各类污染源环境管理要求的综合集成。因此，"一证式"排污许可证制度改革，就是要以排污许可证为载体，重塑污染源管理体系，理顺排污许可证制度与现有污染源环境管理制度的关系，探索实施"一证式"污染源环境管理制度，实现对排污单位综合、系统、全面、长效的统一监管，切实打造排污许可证制度在污染源环境管理体系中的核心地位。

在具体改革过程中，重点关注以下几个方面：

①采用综合型许可证形式。目前我国环境管理中水、气、固废、噪声等不同污染类型管制的法律地位各不相同，如采用单项排污许可实行各证各自独立，申

请和审批程序重复，既不利于行政机关提高效率，也徒增申请人的无谓负担，因此排污许可证应当适用于多种类型的污染物排放。对不同环境要素中的污染物进行统一管制，既可以控制污染物在环境介质中的转移，又是全面管理污染行为的内在要求。从行政角度来说，对多种污染物进行一次综合许可，亦有利于简化许可手续，提高行政效率。

②实现排污单位全生命周期的环境监管。无论是建设期、生产运营期还是停产关闭期，企业都负有保护环境不受严重损害的责任。排污许可证制度的内涵决定排污许可证管理可以涵盖企业生命周期的各个阶段，体现每个阶段排污单位的各项环境行为规范。在改革中需体现排污许可证对于排污单位"从摇篮到坟墓"的全过程监管，使排污许可证的监管贯穿排污单位的申请筹建、施工建设、生产运行、最后停产关闭等各个阶段，确保建设期、生产运营期的环境影响受控，停产关闭期的环境得以恢复。

③实现综合污染源环境管理要求的全方位规范。排污许可证制度是一个持续的许可和动态监管过程，把生产经营活动的排污行为纳入统一管理轨道，并将其严格控制在法律规定范围内。现有各项环境管理制度中对排污单位的环境管理要求可集中通过排污许可证体现，以排污许可证为载体实现对排污单位环境行为的综合、系统、全面、长效的统一管理，提高环境管理效率。

④整合现有环境管理制度进行流程再造。排污许可证制度作为污染源环境管理体系的核心制度，需与现有环评审批、排污申报登记、总量控制、"三同时"、排污权交易、排污收费等污染源环境管理制度充分融合、衔接，切实理顺排污许可证制度与各项制度在制度内容和操作流程上的关系，尤其需对现有污染源各项环境管理流程进行重新打造，实现排污许可证支撑各项污染源管理制度的整合，形成更为便捷、高效的管理操作方式，真正实现排污许可证"一证式"管理模式。

4.1.2 "一证式"排污许可证制度功能定位

排污许可证制度本身具有法律强制性、持续有效性和运用多样性等特点。排污许可证所规定的排污单位的排污行为是具有法律效力，是在法律权力的责任和义务两个基点上展开，在环境监督管理中具有确定最低限度意义，具有管制的直接性和强制性。排污许可证对排污单位的监管是从项目筹建到项目运营，直至项目消亡整个生命周期，是一种持续而有效的监管。因此，可以将排污许可证制度的功能地位明确为：排污许可证应作为污染源环境管理制度体系中的核心制度，对污染源环境管理实行排污许可证"一证式"监管，将排污许可证建设成为政府的执法依据、企业的守法文书、公众的参与平台。具体如下：

1. 确立排污许可证制度的核心地位

环保行政主管部门以排污许可证为载体，依法对排污单位的环境行为提出具体要求，包括建设期环保要求、环保设施建设要求、污染物排放标准和排放总量、日常环境管理要求等，将其作为排污单位守法标准和环保部门执法、社会公众监督的依据，以此减轻排污单位的排污行为对公众健康、公共资源和环境质量的损害。因此，宜将排污许可证制度作为贯穿污染源整个生命周期的核心管理制度，将其作为污染源环境管理体系的主线，准许、核定、规制排污单位的基本环境行为。将现有各项环境管理制度中对排污单位的环境管理要求，集中通过排污许可证进行体现，实行"一证式"管理模式，以排污许可证为载体实现对排污单位环境行为的综合、系统、全面、长效的统一管理。

2. 将排污许可证作为政府管理的执法依据（环境监管主线）

排污许可证制度作为一项命令控制型政策手段，是政府部门强化对排污单位环境监管的有效管理形式。其融汇了环境影响评价、总量控制、排污申报和收费、"三同时"验收、限期治理、排污权交易等各项制度的管理要求，综合体现了政府部门在宏观调控方面的意愿和单个污染源管理的要求，为政府部门环境监管搭建了一条主线，也是政府部门的环境执法依据。实施排污许可证制度后，政府管理部门对排污单位环境行为的核查可以通过对其排污许可证制度的执行情况核查来进行，检查其是否严格遵守了排污许可证的所有要求，使得政府管理部门对排污单位的监管内容更加明确和直接，大大提高监管效率。同时，以排污许可证作为政府管理部门的执法依据，其明确的内容可以减少不同执法人员对企业要求不一致、自由裁量幅度差别过大的情况，从而提高政府部门环境执法的科学性。

3. 将排污许可证作为企业环境行为的守法文书

排污许可证制度是一个持续的许可和监管过程，把影响环境的各种开发、建设、经营等活动的排污行为纳入国家统一管理的轨道，并将其严格控制在法律规定范围内。排污许可证应作为排污单位环境合法的最基本要求，在环境监督管理中具有确定最低限度意义，为企业提供了一套环境守法准则。排污许可证中对每个排污单位明确了各项环境保护法律法规的要求，对企业来说，守法的内容更加具体、明确，其环境权利义务更清晰和确定，而且企业对政府的行为有比较稳定的预期。从管理上看，审查排污许可证的过程，既是环境保护部门了解污染源、指导企业开展治污工作的过程，也是企业学习环境保护法律、污染防治技术和环境管理知识的过程，使企业进一步明确了应履行的权利义务，也是提高企业进行清洁生产、污染治理和技术改造的积极动力。因此可以说排污许可证是企业的环境守法文书。

4. 将排污许可证作为公众环保监督的参与平台

环境问题的公共性、环境保护的公益性，导致环境信息具有公共性，这些信息必须与公众分享。由于每一份排污许可几乎都涉及公众健康与安全，公众应有权监督许可证的发放和管理过程。信息的获得是监督的基础，排污许可制度要求程序内容规范、公开、明确，既符合法定明确性、透明性的本质要求，也满足公众对经营者在排污许可申请、排污许可使用等过程中参与监督。如将项目的性质、排污指标核定、排污许可证的发放与否、排污情况和排污指标的使用情况、违反许可证及其处罚情况等内容，通过适当的方式公开，公众可以将从公开途径获得的数据资料直接用于维护自己权益和其他合法活动之中，而不必一定通过委托监测的方法获取相关数据及资料，造成不必要的障碍和浪费。因此，排污许可制度为公众参与提供了有效载体，有利于维护公民、法人和其他组织的合法环境权益，维护环境公共利益。

4.2 "一证式"排污许可证制度基本框架

4.2.1 "一证式"排污许可证制度框架设计原则

本节在国内外理论研究和实践总结的基础上，结合排污许可证制度内涵和功能定位，系统开展排污许可证制度基本框架的设计。设计原则主要包括以下几个方面：

（1）科学性和合理性

科学性和合理性是社会科学探索的标准和致力的目标。"一证式"排污许可证制度框架设计也要强化科学性、合理性，以客观事实为依据，注意制度改革中各项措施的衔接配套，防止随意性、盲目性。

（2）核心性和协调性

注重体现排污许可证制度在环境管理中的核心地位，突出"一证式"的管理思路，同时也要注意与其他环境管理政策相互协调，避免矛盾和重复，强化制度间的整体效力，以达到最佳管理效果。

（3）可行性和前瞻性

既要结合当前环境管理需要设计排污许可证制度的必要环节，注重现阶段的制度设计与可达的执行能力相匹配，同时又要在制度框架设计中体现长远设计理念，随着管理能力和需求扩展，制度可以延展和持续改进。

4.2.2　"一证式"排污许可证制度框架主要内容

"一证式"排污许可证制度框架主要由法律基础、基本要素、实施机制三大部分组成。

（1）法律基础

法律基础是排污许可证制度的基本依据和实施保障，主要包括：基本法，即环境保护法对排污许可证制度的明确规定；单行法，包括排污许可证制度单行法和其他方面单行法中对排污许可证制度的支持；地方性法律法规中对于排污许可证制度的规定。由各个层级律法共同组成对排污许可证制度的法律支撑。

（2）基本要素

基本要素实际上就是排污许可证制度的重要组成，主要包括：排污许可证的适用范围，包括适用的污染物和污染源的具体范围；实施主体及权限配置；排污许可证种类，主要是为了适应当前环境管理能力制定不同种类，并配套规定不同的管理要求；排污许可证年限；排污许可证管理内容等。具体将在要素设计章节中阐述。

（3）实施机制

实施机制是排污许可证制度的运行保障，主要包括排污许可证核发机制，需包括告知、申请、审核发证、证书管理等程序；监管机制，包括政府部门的监管、排污单位的自我管制以及来自公众的监督等方面；信息机制，需配套建立信息平台，强化信息交互，是排污许可证管理效率提升的保障；处罚机制；公众参与机制、运行保障机制等。具体将在实施机制章节中阐述。

排污许可证制度基本框架如图 4-1 所示。

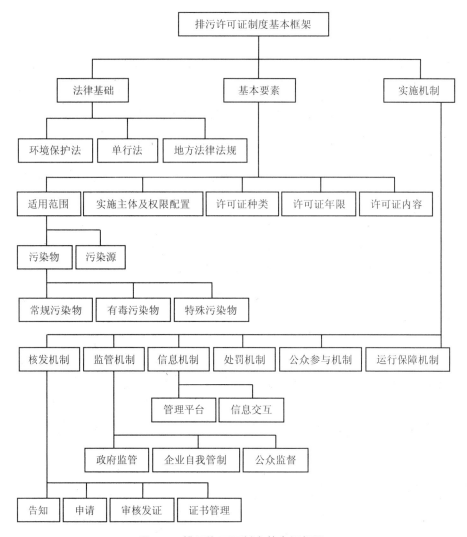

图 4-1 排污许可证制度基本框架图

4.3 "一证式"排污许可证制度管理流程

从"一证式"排污许可证制度的核心性和环境管理制度体系的整体性角度出发,在排污许可证制度改革中,有必要对现有各项环境管理制度的管理流程进行重新构造,实现各项制度间的有机衔接,突出排污许可证制度综合性、全生命周期、多方位管理的制度内涵。

4.3.1 "一证式"排污许可证管理流程设计原则

"一证式"排污许可证管理要求体现排污许可证事先许可、事中事后监管的全过程管理，涉及多项污染源管理制度的整合和管理效能提升，重塑污染源管理体系，需要结合现有的排污许可证制度和环境管理体系，再造管理流程，形成高效便捷的管理模式。在具体流程再造中主要把握以下几个原则：

（1）合法性原则。排污许可证管理流程再造必须以依法行政为前提，无论是对原有流程的梳理还是对新流程的设计，都需要对前置条件、程序等进行合法要件的审查。

（2）创新性原则。排污许可证流程再造要对政府职能进行重新思考，对排污许可证功能定位重新设计，以满足污染源"一证式"管理需求。在流程设计中要充分依托网络信息技术，使政府在成本、服务、质量和效率方面达到跨越式提高和改善。

（3）简便性原则。排污许可证流程再造根本目的是在确保其管理目标的基础上实现"便民、利民"，因此其操作流程不应是在原有管理程序上的追加式改进，流程设计中既要坚持依法规范行政，又要以效率为标尺，尽量体现"并联式"服务，敢于突破不合理的部门规章的限制，对政府部门内部职能进行整合，简化程序，实行决策、执行、监督三职能的相互区隔与协调。

4.3.2 "一证式"排污许可证管理具体流程

以排污许可证"一证式"管理模式为目标，对环境管理流程进行再造和重构。图 4-2 以一个新建项目的完整生命周期为例，展示了其基本管理流程。

项目筹建期。新建项目在环评文件的编制过程中，就可以根据环评提供的信息，通过排污权交易来获取所需的总量指标。在环评文件编制完成并且获得相关排污权指标后，建设项目可以在递交环评文件的同时，向环境保护行政主管部门提出排污许可证申请。环保行政主管部门根据环评文件的内容和其他相关要求，审查企业是否符合排污许可证发放条件。对于符合发放条件的，环保行政主管部门制定排污许可证并公示，在批复或备案环评文件时，将排污许可证同时发放给企业。企业在领取排污许可证之前，必须签署承诺书，保证所提供的材料的真实性，并承诺会履行排污许可证上的要求。企业获得排污许可证后即可以开工建设，而排污许可证也开始发挥其全过程监管职能。

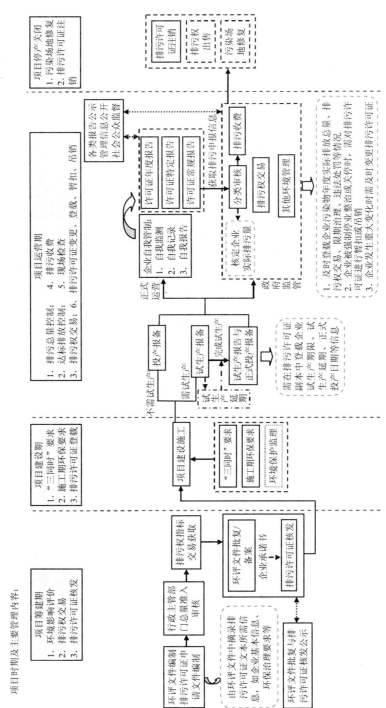

图 4-2 "一证式"管理模式下的污染源管理流程

项目建设期。自项目建设期开始，排污许可证监管作用正式启动，并持续至生产运营期、停产关闭期。项目建设期间，企业应当按照排污许可证的要求进行"三同时"管理，确保环保设施与生产建设同时设计、同时施工、同时使用。与此同时，项目建设期间，需严格执行施工期环保要求。

生产运营期。企业在建设完毕投产之前，需向环保主管部门提出试生产或正式投产备案，而后方能投产运行，企业试生产过程即作为企业生产运营期的一环受排污许可证监管。在整个生产运营期，企业应当根据排污许可证的规定排污，依照实际运行情况开展和参与企业环保自我管制、排污收费、排污权交易等环境管理制度。

停产关闭期。企业停产关闭时，应当遵守排污许可证的规定，采取场地恢复措施，使得场地不再对周围环境造成危害，并确保场地可以满足当前和未来的使用需求。排污单位应当在投产后一定期限内（例如六个月内）向环保部门提交场地恢复计划，并得到环保部门批准。场地恢复计划应包括关闭后需要采取的恢复措施、计划执行人员、资金来源等。可以采取的恢复措施包括：污染消除、环境修复、工业废物移除、管道移除、填埋、建筑和设施拆除、废物处理处置等。排污单位停产关闭后，应当按照场地恢复计划对场地进行恢复，并接受环保部门现场核查。核查通过后，可视为排污单位的环保责任履行完毕，对其持有的排污许可证进行注销。

在排污许可证的全过程监管期间，环保部门都可以对企业进行现场检查，确认其是否符合排污许可证的要求。此外，排污许可证的管理信息应当及时公开，使得一般公众对企业以及企业互相之间都可以展开监督。

4.4　"一证式"排污许可证制度与其他管理制度关系重构

对现行排污许可证制度进行改革，使其真正发挥污染源环境管理基础、核心制度的作用已成为环境管理发展必然所需。且排污许可证制度改革并非是完全脱离现有各项管理制度的新增事项，而应是将现有各项管理制度充分整合衔接，使其更加高效地发挥综合管理效应。本章将结合上文中对于现行各项污染源环境管理制度的梳理和分析，动态看待各项制度的发展，详细分析和阐述排污许可证制度改革与各项管理制度间的切入关系。

4.4.1　排污许可证制度与环境影响评价制度

环境影响评价制度作为一项相对静态的行政审批制度，由于缺少后续监管措施，直接影响了其执行的彻底性。将环境影响评价制度与排污许可证制度改革充分融合，在排污许可证核发中充分依据环境影响评价相关结论，并将这些结论在排污许可证后续监管中予以充分落实，一方面可以增加环境影响评价制度的严肃性，促进第三方技术机构、审批机关更加严谨对待环境影响评价报告的编制和批复；另一方面，也体现了环境影响评价制度在排污单位后续环保监管中的一个延续，弥补了环评制度本身后续监管缺位的不足。此外，目前对于优化环评审批的一些探索，如分级审批管理办法、环评审批权限下放、两批不纳入建设项目环境影响评价审批目录等，都需作为排污许可证制度改革在下一步具体执行中充分衔接的地方，具体如下：

1. 制度内容关系

环境影响评价制度是对所有新、改、扩建项目的前置审批制度，通过对建设项目选址、设计和建成投产使用后可能产生的环境影响进行全方位的评估，提出项目实施的环保可行性以及实施后环保防治措施的要求。因此，在制度内容关系方面，环境影响评价制度可作为核发排污许可证的重要依据，且其内容也是排污许可证中基本信息的来源。依照《环境影响评价技术导则总纲》（HJ 2.1—2011）的规定，污染影响为主的建设项目环境影响报告书（此处着重分析环境影响评价报告书情况，其他类型环评文件的衔接可以以此为参照）包括工程分析、周围地区的环境现状调查与评价、环境影响预测与评价、清洁生产分析、环境风险评价、环境保护措施及其经济、技术论证、污染物排放总量控制、环境影响经济损益分析、环境管理与监测计划、公众参与、评价结论和建议等专题；生态影响为主的建设项目还应设置施工期、环境敏感区、珍稀动植物、社会等影响专题。其中，工程分析是制定排污许可证最为重要的参考，它可以确定：工程基本数据，包括建设项目规模，平面布置，主要原辅材料及其他物料的性质和消耗量，能源消耗量，产品及中间体的性质、数量；污染影响因素，包括产污环节生产工艺，污染物种类、性质、产生量、产生浓度、削减量、排放量、排放浓度、排放方式、排放去向；原辅材料、产品、废物的储运环节中的污染来源、种类、性质、排放方式、强度、去向；非正常工况状况，包括非正常排放的来源，非正常排放污染物的种类、成分、数量与强度，产生环节、原因、发生频率及控制措施；环境保护措施和设施，包括环境保护设施的工艺流程、处理规模、处理效果。对于在工程分析中描述不够详细的部分，还可以参照环评文件后续章节的内容，例如污染治理和环保措施可以参照环境保护措施及其经济、技术论证专题。除了工程分析以外，环评报告书的其他部分对排污许可证的制定也有着重要作用。在环评报告书的总则中，可以明确建设项目适用的排放标准，以及建设项目所在区域的发展总体规划、环境保护规划、环境功能区划；在总量控制专题中，有着对需要总量控制的污染物类型和相应的总量需求的详细说明，而这是确定许可总量的主要依据；在环境管理与监测计划专题中，可以明确建设项目设计、施工期、运营期的环境管理和监测计划要求，包括环境管理机制、机构、人员，环境监理相关要求，污染监测点位、时间、频率、因子，以及非正常排放和事故排放下的预防与应急处理预案。此外，在施工期、环境敏感区、珍稀动植物等专题中还可以明确生态保护措施。可见，排污许可证中涉及企业基本信息、环保设施建设要求、环境管理要求、监测要求、污染物排放要求等都可以从环评文件中提取。

2. 操作流程关系

（1）新增建设项目

环境影响评价文件作为排污许可证发放的前提条件。建设单位根据环评文件相关信息填写并提交排污许可证申请文件，在环评文件提交审批的同时提交至环保行政主管部门，经环保行政主管部门初步审核并提出排污许可证文本，将排污许可证文本与环评文件审批意见尽可能同步公示，公示无异议后正式核发，并纳入排污许可证后续监管。

（2）现有排污单位

对于现有排污单位，按照环境管理的法律要求，原则上环境影响评价文件仍应作为排污许可证发放的前提条件。但在核发排污许可证之前，需考察企业环保管理、环保设施和污染物排放状况是否与环评文件相符，对于符合环评文件的排污单位，在同时满足其他许可证申领要求的条件下可以核发排污许可证，将其后续监管纳入排污许可证后续监管。

4.4.2　排污许可证制度与"三同时"和环境保护设施竣工验收制度

部分省份在现行的排污许可证管理办法中，将环保设施竣工验收也作为排污许可证核发的前置条件，但是，一方面环保设施竣工验收存在执行率不高、试生产单位验收相对排污而言存在时间滞后性，另一方面，新《环境保护法》取消了

"必须经验收合格后方可投入生产或使用"的要求，仅明确"建设项目中防治污染的设施，应当与主体工程同时设计、同时施工、同时投产使用。防治污染的设施应当符合经批准的环境影响评价文件的要求，不得擅自拆除或者闲置。"因此，在排污许可证制度改革中，可以将"三同时"要求一并纳入排污许可证制度管理中，实施对排污单位在建设施工期的环境管理，既体现了排污许可证制度对排污单位监管的完整性，又强化了"三同时"制度的实施监管，具体如下：

1. 制度内容关系

"三同时"和环境保护设施竣工验收是我国特有的环境管理制度。国际上通常在环境影响评价概念中，把根据环境影响评价提出的防治污染、防止生态破坏的措施、设施的建设和落实及建成后的监督监测，看作是环境影响评价的一部分，是一个完整的全过程。由于我国"三同时"制度先于环境影响评价制度而建立，建设项目环境管理就人为分成了两个阶段，同时环评文件中关于环保设施建设等方面要求的落实，就要依赖"三同时"制度的实施，并采取环保设施竣工验收的方式来监督"三同时"制度落实情况。由于一个完整的管理过程被人为分割，导致"三同时"制度在实施中缺乏灵活性，缺少与环评制度间的互动，环保设施竣工验收也过于僵化，增加了制度实施难度。而排污许可证的内容继承自环评，它在一定程度上可以看成是环评的后管理，因而可以用排污许可证来对"三同时"执行情况进行监管，促进"三同时"与先前环评文件中相关要求的互动。同时，鉴于新《环境保护法》中已取消了"必须经验收合格后方可投入生产或使用"的规定，因此特依照"取消环保设施竣工验收"的状态进行设计，以对排污许可证的监管来替代环保设施竣工验收。具体而言，在制度内容关系上，排污许可证登载环评文件中关于建设项目环保设施相关要求，以此作为"三同时"制度执行要求。在建设过程中，建设单位和施工单位不得随意变更环境保护设施的设计文件；确需适当变更的，应当委托具有环境保护设施工程设计资质的单位按照环评批准文件的要求变更设计文件，所做的变动和改进应提前告知环保部门，并相应地对排污许可证相关信息进行变更。但对产生污染物的工艺、设备或者环境保护设施、措施发生重大变动的，需依法要求其重新环评，并撤销其排污许可证，重新进入核发程序。在项目建设完成后，取消环保设施竣工验收环节，进入生产报备或试生产报备阶段，同时在排污许可证上登载项目进入试生产或正式运营的时间，以便在后续监管中明确企业所处阶段。

2. 程序流程关系

（1）新增建设项目

排污许可证管理作为新增建设项目"三同时"制度执行监管的手段，以排污许可证所登载的要求监管建设项目施工期环保行为、环保设施建设及相关配套等，以企业自我约束为主、行政主管部门现场抽查形式为辅进行管理。对于项目建设期对排污许可证登载内容需进行环评文件要求内的变更，建设单位需及时向环保行政主管部门报备并变更排污许可证相关信息；如发生与环评文件要求不符的重大变更，需撤销原有排污许可证，重新进入环评审批及排污许可证核发程序。

项目建设完成后，需进行试生产的，由建设项目单位向环保行政主管部门报备，同时在排污许可证上登载相关信息；试生产完成后，由建设项目单位提交试生产报告等相关资料至环保行政主管部门备案，同时在排污许可证上登载相关信息。需试生产延期的，另行提交试生产延期申请，经延期后的试生产总时长不得超过一年。

项目建设完成后，不需要试生产的，由建设项目单位编写正式运营计划并提交环保行政主管部门备案，同时在排污许可证上登载相关信息。

（2）现有排污单位

对于现有排污单位，"三同时"制度和环保设施竣工验收等实际上已属于过去时监管行为。一些省份原有的排污许可证管理政策文件中将"三同时"竣工验收作为核发排污许可证的前置条件。在此，建议取消该项前置。

4.4.3 排污许可证制度与总量控制和排污权交易制度

排污许可证制度改革与总量控制制度可以从以下三个方面切入：一是通过排污许可证制度进一步丰富总量控制制度的法律依据，虽然新《环境保护法》规定"国家实行重点污染物排放总量控制制度"，原则明确了总量控制制度的法律地位，但要真正形成系统的国家污染物排放总量控制法律体系还任重道远；将总量控制与排污许可证有效衔接，把总量控制的要求在排污许可证制度中予以体现，则有助于提升总量控制制度的强制性和法律属性。二是通过排污许可证制度改革，促进总量控制的点源总量分解，将单个点源的总量控制目标在排污许可证上予以登载，同时按照"执证排污"的法律要求全面发放排污许可证，使得总量控制制度更加落实到位。三是通过排污许可证制度改革，实现对排污单位排污行为更为有效的监管，包括核查排污单位的实际排污量，同时也使得总量控制真正执行到位。

排污权有偿使用和交易制度与排污许可证制度的衔接程度一直较高。首先，根据国务院办公厅《关于进一步推进排污权有偿使用和交易试点工作的指导意见》（国办发〔2014〕38 号），排污权需以排污许可证的形式予以确认，可见排污许可证是暂时解决排污权法律属性不明的有效手段。其次，在指标分配和动态调整方面，以排污许可证核发时登载的量作为排污权初始分配获得的量，并将企业今后购入或出售排污权指标的动态变化在排污许可证中予以登载，便于管理。最后，通过排污许可证制度改革，实现对排污单位实际排污量的有效监管和核定，也是环保行政主管部门监督排污单位实际使用排污权情况的有效手段。具体如下：

1. 制度内容关系

总量控制是对一个区域内污染物排放总量指标的总体控制，按负荷分配不同可分为目标总量控制和容量总量控制。总量控制是一项宏观、目标性政策，目前的总量控制制度采取核定总量目标层层分解的方式，强调区域总量指标核算和分配，但对单个污染源总量控制缺少法规制约，造成污染物总量控制制度对点源个体直接压力不足。可将排放许可证作为总量控制制度实施的法律形式和手段，将按目标总量或容量总量控制分解至排污单位的总量指标以排污许可证的形式确定下来，成为该排污单位的许可排污量，即许可证中的许可排污量是总量控制指标的具体体现。由于排放企业在未获得排污许可证前不能排放污染物，政府可通过控制排污许可证发放数量及在许可证中确定的数量要求等方式来实施总量控制管理，即区域排污单位许可排污量总和不能突破该区域总量控制目标；并可根据一定时期内区域环境质量状况、污染物变化及治理需要，利用排污许可证对各排污单位的许可排污量进行变更、调控。通过建立排污许可证制度，可以有效弥补现行总量控制体系中对污染源总量管理的缺失，将"自上而下"式的总量控制转变为总量目标与污染源控制相结合的真正意义上的总量管理。

排污权有偿使用和交易是企业获取排污权总量指标的途径，而总量指标是排污许可证的重要内容，即排污许可证是排污权指标载体。同时可将排污权有偿使用和交易作为许可证发放的前提条件，并将企业生命周期过程中的排污权有偿和交易行为在许可证中载明，使排污许可证成为排污权有偿使用和交易推进的保障。另外，获得全面、真实、有效的排污行为记录，是排污交易制度有效运转的关键之一，对于参与排污权交易的现有排污单位，可以依据排污许可证执行情况进行交易资格审查，确认交易单位的合法身份、指标核定和流向等。

2. 程序流程关系

（1）新增建设项目

对于新增建设项目，总量准入及排污权交易作为排污许可证发放的前提条件。排污单位提交建设项目环境影响评价文件，由主管部门进行总量准入审核，核准总量指标后排污单位向排污权交易机构提出排污权指标申购申请，交易获得的排污权指标作为许可排污量载入排污许可证，作为日常总量监管依据。

（2）现有排污单位

①初始排污权分配、有偿及排污许可证发放

区域总量控制指标层层分解至排污单位，作为初始排污权分配指标，企业缴纳相应有偿费用后，该初始排污权指标作为许可排污量载入排污许可证，作为日常总量监管依据。

②排污权交易及排污许可证变更

排污权出让。排污单位向排污权交易机构提出出让排污权指标申请，同时提交出让排污权指标核定技术报告、核发排污许可证的环境保护行政主管部门同意出让排污权指标的证明文件、排污许可证副本和复印件，交易完成后排污单位到环境保护行政主管部门变更排污许可证，载明相应排污权指标变化及去向等具体出让情况。

排污权申购。排污单位向排污权交易机构提出申购排污权指标申请，同时提交核发排污许可证的环境保护行政主管部门同意申购排污权指标的证明文件、排污许可证副本和复印件，交易完成后排污单位到环境保护行政主管部门变更排污许可证，载明相应排污权指标变化及获取途径等相关信息。

4.4.4　排污许可证制度与排污申报和排污收费制度

我国原有执行的排污申报制度存在诸多问题，如事前申报、表格繁杂等，致使排污收费长期不能实现按实收费。2014 年，环境保护部对排污申报制度进行改革，调整申报表格事项、取消年度预申报，实行根据实际排污状况动态申报。而新《环境保护法》规定"排放污染物的企业事业单位和其他生产经营者，应当按照国家有关规定缴纳排污费。"删除了原先关于排污申报登记的条文。可见，原排污申报登记制度在制度执行上存在较大缺陷，作为排污收费的基础依据，排污申报制度可以通过排污许可证制度改革来实现其原有价值，即通过对排污单位排污许可证执行情况的监管，有效核查排污单位实际排污量，促进排污收费按实收费，也促进企业实际排污数据的统一。具体如下：

1. 制度内容关系

排污收费制度规定一切向环境排放污染物的单位和个体生产经营者均需按照国家的规定和标准，缴纳一定费用的制度。按照环境保护部 2014 年关于排污申报的改革思路，将报表调整为《工业企业排放污染物基本信息申报表》《工业企业排放污染物动态申报表》《特殊行业排放污染物补充申报表》《建筑施工排放污染物申报表》《小型第三产业排放污染物申报表》等，取消年度预申报，实行根据实际排污状况动态申报。按照改革后的排污收费制度执行方式，排污许可证制度与其在制度内容关系上主要在于三个方面，一是排污收费制度中的《工业企业排放污染物基本信息申报表》中所涉及内容基本可以从企业排污许可证登载信息中获取，可避免重复申报；二是建设单位排污申报与排污许可证自我报告内容相结合，并作为排污单位实际排放量监管依据之一；三是排污收费制度中关于企业重大变动信息需报备的要求，可以与排污许可证管理相结合，将企业重大变动信息在排污许可证中及时更新。

2. 操作程序关系

排污申报和排污收费均是针对运营状态的建设项目而言，按照改革后的排污收费制度执行程序，排污收费制度与排污许可证制度在操作程序的关系构建上具体如下：

（1）企业基本信息方面

排污收费制度中的《工业企业排放污染物基本信息申报表》包含了 7 张子表，内容涉及企业基本情况、废水污染物基本情况、废气污染物基本情况、边界噪声基本情况、固体废物基本情况、污染治理设施、生产装置等，而排污许可证实际已经包含这部分内容，因此，建议对于企业基本信息可实现制度间的共享，不再重复填写。

（2）企业实际排污量核定方面

改革后排污申报执行按照实际排污状况动态申报。这部分的申报工作可以结合排污许可证的自我管制机制，要求企业在其定期提交（一般为每季度或每月）自我报告和年度执行报告中给出实际排污情况及相关证明材料，结合政府日常监管记录作为排污许可证总量监管的依据。

（3）企业重大变动申报的及时更新方面

排污收费制度中要求企业因生产经营或排污设施发生重大变化时需向环保行

政主管部门进行申报。排污许可证制度的证后管理中，对于企业的生产设备、治污设施、污染排放等发生变化的情况有更为详细的管理规定，因此这部分内容可以直接交由排污许可证管理来完成，不需要重复实施。

4.4.5　排污许可证制度与限期治理制度

企业限期治理制度实际上是针对企业已发生违法违规行为之后的自救规则，但却因为"限期"的具体期限不明等原因造成排污单位顶着限期治理的名义持续违法排污，后续处罚无力。建议通过排污许可证制度改革，强化持证排污、营造环保一证对外的管理理念，再通过对限期治理企业排污许可证的暂扣、吊销等措施，推进企业在期限内积极整改，有效纠正其不良环境行为。具体如下：

1. 制度内容关系

限期治理制度作为环境管理的一项行政行为，是环保监管手段的一部分。企业在生产过程中由于污染物处理设施与处理需求不匹配，导致无法按照相关排放标准或总量控制要求进行排污，需进行限期治理。可见，限期治理实际上是企业在规定时间内对自身环保行为的"自我修复"过程，鉴于其违法违规排污的已有行为和自我整改的特殊情况，在制度内容关系上，可作为排污许可证制度管理的特殊情况。建议在排污许可证副本信息中登载关于企业限期治理的执行时间、执行主要原因和内容等信息；在限期治理过程中，按照排污许可证信息对限期治理排污单位进行督察；排污单位限期治理整改完成并通过验收后，在排污许可证上登载验收日期及验收情况等信息。

2. 操作程序关系

①环保行政主管部门经相关程序后做出限期治理决定，向排污单位发出《限期治理决定书》，说明限期治理的对象、依据、任务和期限，同时在排污许可证上登载限期治理的时间、主要原因和要求。

②排污单位制定限期治理方案并报送环保行政主管部门，开展限期治理相关工作。环保行政主管部门根据限期治理决定书、排污许可证以及排污单位限期治理方案等信息，对限期治理的排污单位整改情况进行督察，同时要求排污单位应定期向环保部门上交限期治理报告，包括监测数据、治理进度等。

③限期治理完成后，排污单位申请验收，经环保行政主管部门验收合格，将限期治理通过验收的时间与信息登载至排污许可证。

④如排污单位无法在规定时间内完成整改任务，可申请限期治理延期，获环

保行政主管部门批准后，将限期治理延期情况登载在排污许可证上；否则，由环保行政主管部门报请有批准权的人民政府责令关闭，并吊销其排污许可证。

此外，限期治理期间，排污许可证制度管理中的监测、报告和现场检查等按照限期治理相关规定执行。

4.4.6   排污许可证制度与现场检查制度

现场检查是环保部门的有力执法手段之一，排污许可证的日常监管也必须和现场检查制度相结合。从制度内容关系上看，在"一证式"管理模式下，排污许可证是排污单位合法排污的唯一凭证，因此排污许可证也就成为了环保部门现场检查时，认定排污单位的污染物排放行为是否合法合规的重要依据。环保部门应当根据排污单位所处的阶段、此行检查目的等因素确定检查重点，并对照排污许可证中的相关要求对排污单位的环境行为进行逐条核查；现场检查人员也可以根据需要进行现场采样和监测，通过将监测结果与排污许可证的规定进行比对来判定企业是否超标排污。同时，现场监测的结果也可以用来检验排污单位自行上报的监测数据的准确性。

需要强调的是，现场检查不仅仅局限于排污单位生产运营期的监管。在排污单位的建设期和停产关闭后的场地恢复期，环保部门都可以进行现场检查，以确保排污单位的行为符合排污许可证的相应要求。总之，现场检查是落实排污许可证全过程监管的重要手段。

可见，排污许可证制度改革与其他污染源环境管理制度及其发展方向是能够有效融合的。且通过排污许可证制度的改革，可有效弥补多项污染源环境管理制度的不足之处，促进这些制度更为有效地落实，满足这些制度改革发展所需，从而整合提升污染源环境管理制度的综合效能。

第 **5** 章

排污许可证制度改革研究：要素设计

基于上文对排污许可证制度内涵的理解和基本框架的设计，本章将进一步探讨排污许可证制度的具体内容，对制度实施基本要素开展分析，具体包括排污许可证的主要内容、适用范围、证书分类、管理主体及权限、证书期限等方面。

5.1 排污许可证主要内容

排污许可是具有法律意义的行政许可，是对排污单位排污行为的限制和规范，也是排污单位针对污染采用有效防治措施、维持良好操作、不造成污染事件的具体承诺。作为排污单位环境行为自我管理的对照文件，排污许可证内容应系统集成排污单位主要信息以及现行污染源各项规范要求等，具体可包括排污许可证证书编号及有效期限、排污单位基本资料、涉及排污的生产条件和操作期程，以及污染物控制设备的处理容量和去除效率、操作条件的限制、污染物的排放种类、浓度及排放量限制等具体许可内容，另外还需规定排污单位对排污行为定期监测、监测的项目频率，以及其他应申报事项等。从便于管理角度，排污许可证可分为排污单位承诺书及正本、副本。

5.1.1 排污许可证正本

排污许可证正本可以理解为是排污单位档案中存档的文本，是排污单位表明其合法身份的法律证明文件，通常要求排污单位将其置于生产或经营场所的明显位置。因此排污许可证正本中需集成排污单位及许可排污的主要信息，建议包括如下：

①排污单位主要信息：包括排污单位全称、地址和法定代表人等；

②证书基本信息：包括排污许可证书编号，排污许可证类别等；

③排污行为主要信息：包括主要污染物种类等；

④主要发证信息：包括发证机关名称、许可证发放日期、证书有效期等。

5.1.2 排污单位承诺书

这里的承诺书是指排污单位以书面形式，对排污许可证申请、执行等相关行为作出的承诺。承诺书表明承诺人对相关要约完全知晓、同意并具体执行。

在排污许可证内容中加入排污单位承诺书，一则通过具有法律效力的承诺形式强化排污单位对环境行为的履约意识，二则进一步推进排污单位相关人员认真学习、了解、掌握排污许可证具体内容和要求，增强实际执行能力。承诺书建议可与排污许可证副本合并装订，从内容上，主要包括承诺申请材料的内容真实无误、承诺已知晓遵守排污许可证的责任和义务、承诺将会严格按照排污许可证具体内容要求执行，承诺书须由排污单位法定代表人签字。具体样式建议如下：

排污单位承诺书样式：

××省（市）排污许可证申领承诺书

××环境保护厅（局）：

　　我单位已了解《中华人民共和国环境保护法》等相关法律法规的规定，知晓排污单位法定责任、权利和义务，将依法履行环境保护主体责任，严格落实各项环境保护措施和按照排污许可证要求排放污染物，自觉接受环境保护部门监管和社会公众监督，如有违法违规行为，将积极配合调查，并依法接受处罚，特此承诺。

单位名称：（盖章）
法定代表人（主要负责人）：（签字）
××××年××月××日

5.1.3 排污许可证副本

排污许可证副本与正本一样具有法律效力，是排污许可内容的细化，也是排污单位具体履行环境保护主体责任的重要参照。排污许可证副本信息主要包括基本信息、建设期要求、生产运营期要求和停产关闭期要求，具体如下：

1. 基本信息

主要包括排污单位基本信息、法人基本信息和排污许可证书的基本信息。

①排污单位基本信息：排污单位全称、地址、经纬度、法人代码、规模、所属行业、生产（经营）范围，排污单位所在流域，所在区域行政区划代码、所在区域环境质量标准及环境功能区划等；

②法人基本信息：法定代表人的姓名、身份证明文件字号、电话和通讯地址等；

③排污许可证基本信息：证书编号、发证机关名称、发放日期、变更记录、证书有效期等。

2. 建设期要求

排污单位建设期的环境行为要求主要包括建设项目"三同时"管理相关要求和建设期施工行为的环境保护要求等，具体如下：

（1）明确"三同时"管理相关要求

国家及地方对建设项目"三同时"管理均有明确的要求，在排污许可证副本中，建议参照如下内容对建设项目"三同时"管理要求进行具体明确：

①明确排污单位污染物的产生工艺、设备，环保设施、措施按要求建设等（详见表 5-1、5-2、5-3）；

②明确满足环保设施正常运转所需的条件；

③如投产后需要自行监测的，需明确符合要求的环境监测仪器设备、机构设置及人员配备（详见表 5-4），并要求监测管理规章制度健全；

④如有环境监理要求的，需明确环境监理按要求完成（详见表 5-5）；

⑤如需编写环境风险应急预案的，须编制完成环境风险应急预案；

⑥明确排污单位在投产前需向环保部门进行试生产或投产报备的要求。

表 5-1　生产场地和排污口示意图

明确排污口（排气筒）的数量、位置、编号

表 5-2　污染物产生主要工艺和设备

主要工艺流程

主要设备名称	规格型号	数量	产生污染物种类	排放方式
例：热煤炉	1 500 万 kCal/h①	4 台（3 用 1 备）	SO_2、烟尘、氮氧化物	热煤炉烟囱排放
......				

注：① 1 kCal=4.184 kJ。

表 5-3　环境保护措施和设施

（废水、废气、噪声治理，生态保护，环境风险，固废暂存及处理处置）

项目		环境保护措施	污染处理流程
例：废气	有组织	热媒炉使用含硫率≤0.78%低硫燃煤；采用低氮燃烧器控制 NO_x 产生量，预留脱硝位置；采用布袋除尘+石灰石石膏脱硫技术......	
	无组织	真空系统直接使用乙二醇作为喷射泵的介质，减少废气无组织排放......	
废水	处理回用系统	高浓度酯化废水采用汽提预处理，原水（COD_{Cr}～20 000 mg/L）经汽提后出水水质 COD_{Cr} 在 4 000～5 000 mg/L，汽提效率 80%，乙醛基本被完全提取......	
	收集排放系统	厂区设置清污分流、雨污分流系统；设置车间污水收集池，污水全部采用高架管道输送，排水应自动液位控制；厂区雨水系统全部明渠收集......	
固废	处置	油烟净化器产生的废油剂属于危险废物，委托有资质单位处置......	

项目		环境保护措施	污染处理流程
固废	暂存	按照 GB18597—2001《危险废物贮存污染控制标准》执行分类收集和暂存，建设规范的危险废物暂存，本项目所有危险废物都必须储存于容器中，容器应加盖密闭……	
噪声		对冷冻站、风机、泵站等采取消声、隔声等措施……	
风险		建设完善的事故应急设施，一期建设 $2\,025\ m^3$ 事故应急池一座……	
……			

表 5-4　环境监测设备、机构设置及人员配置要求

监测设备	机构设置	人员配置
例：pH、COD 在线自动监测设备	设立监测小组，属×× 部门管辖	总人员不少于 3 人，且具有一名以上持有省级环境保护主管部门颁发的污染源自动监测数据有效性审核培训证书的人员
……		

表 5-5　环境监理要求

监理对象	监理内容
例：施工废水和生活污水的处理措施	对施工和生活污水的来源、排放量、水质控制指标、收集与处理设施的建设过程和处理效果进行监理，检查和监测是否达到了批准的排放标准
……	

（2）明确建设期必须采取的环境保护措施

根据国家《建设项目环境保护管理条例》、地方"建设期环境保护管理办法"等法律政策文件，明确排污单位建设期施工行为的环境保护措施（详见表 5-6）。

表 5-6　建设期环境保护措施

保护对象	保护措施
例： 废水	生活污水不得直接排入附近河道，可依托项目设施；泥浆废水需经沉淀后方可排入附近河道……
固废	临水堆放的物资，应建立临时堆放场，堆场四周挖有截留沟；石灰、水泥等物质不能露天堆放贮存……
……	

3. 生产运营期要求

生产运营期是排污单位排污行为的主要产生时期，因此这一时期的环境管理要求相对较多，主要包括排污单位污染物排放限值（浓度、总量）、排污权有偿使用和交易、自我管制要求、年度环境表现、排污收费、执法处罚情况等，具体如下：

（1）排放限值

明确排污单位的排放源、排放标准、许可总量（表 5-7 和表 5-8）。

表 5-7　污染物排放源与排放标准

a. 废气排放源与标准

污染物	排放口编号或名称	排放特征	排放参数	设计排放浓度/ （mg/m³）	排放标准/ （mg/m³）
例：SO_2	热煤炉烟囱	有组织/连续	$H=60$ m $Q=77\,024$ m³/h $d=2.5$ m，$t=60℃$	90.2	200
……					

b. 废水排放源与标准

污染物	排放口编号或名产	排放特征	排放去向（纳管/排环境）	设计排放水量/（t/d）	设计排放浓度/（mg/L）	排放标准/（mg/l）
例：COD	回用集水池	连续	纳管	205	≤300	500
……						

c. 固体废物利用处置

类别	废物名称	类别编号	主要成分	产生量基数/（t/a）	利用处置要求	
					利用处置方式	利用处置去向
例：一般固废	废丝	/	废丝	4 010	综合利用	（需明确利用处置单位名称）
危险固废	污水处理污泥	WN08	泥沙、微生物代谢产物	375	高温热处理	（需明确接受单位名称及危险废物经营许可证编号）
……						

d. 噪声排放源与标准

设备名称	声源特性	厂界噪声标准/[dB（A）]	
		昼间	夜间
例：纺丝卷绕车间	连续	65	55
……			

表 5-8　主要污染物排放许可总量

污染物		许可总量/（t/a）	总量减排要求	
			数量	时限
例：SO$_2$		50	10	2015
NO$_x$		140	0	/
COD	纳管	35	0	/
	排环境	3.5	0	/
NH$_3$-N	纳管	2.5	0	/
	排环境	0.5	0	/
……				

注：表中纳管许可总量为允许进入污水处理厂的排放总量，排环境许可总量为纳管废水经污水厂处理后的允许排放总量。

（2）排污权有偿使用和交易

排污单位参与有偿使用和交易的，环保部门及时更新有偿和交易的相关信息（表 5-9 和表 5-10）。

表 5-9　排污权有偿使用

污染物	数量/（t/a）	价格/（元/t）	起始时间	有效期
例：SO_2	60	1 000	2011.01.01	5 年
……				

表 5-10　排污权交易

污染物	交易类型（出让/受让）	交易数量/（t/a）	交易价格/（元/t）	交易对象	交易时间	有效期
例：SO_2	出让	10	2 000	××公司	2011.01.01	5 年
……						

（3）自我管制

指排污单位环境行为的自我管制要求，包括自我监测、自我记录和自我报告等。

①自我监测：明确排污单位的监测计划要求，包括监测点位、监测污染物类型、监测频率，以及一些特殊监测要求（表 5-11）。

表 5-11　环境监测计划

监测位置	污染物	监测频率	特殊要求
例：热媒炉烟囱	SO_2	1 次/月	无
	NO_x	1 次/季度	第三方监测
……			

②自我记录：明确排污单位需要记录的内容和记录的保留时间；

③自我报告：明确排污单位应当提交的报告种类（年度报告、常规报告、特

定报告）、提交时间、提交内容。根据排污单位的性质不同，在报告种类、提交时间，甚至提交内容等方面的要求都可以有所不同。

（4）年度环境表现

环保部门对排污单位的年度报告进行书面检查和核定，并以此为依据，结合日常监管记录更新排污单位的年度环境表现（表5-12）。

表 5-12 年度环境表现

a. 年度主要原材料消耗量和产品产量

项目	名称	消耗量/产量
主要原材料	例：乙二醇	149 400 t
主要产品	高仿棉	38 800 t
	……	

b. 年度生产绩效

项目	绩效
例：单位产品电耗	0.5 kWh/t 产品
单位产品水耗	1.3 t/t 产品
单位产品燃气消耗	0.8 m³/t 产品
单位产品主要固废产生量	0.02 t/t 产品
非正常工况累计时间	100 h
……	

注：表中纳管许可总量为允许进入污水处理厂的排放总量，排环境许可总量为纳管废水经污水厂处理后的允许排放总量。

c. 年度废气排放浓度控制

污染物	排放口编号或名称	排放浓度/（mg/m³）
例：SO_2	热煤炉烟囱	80
……		

d. 年度废水排放浓度控制

污染物	排放口编号或名称	废水排放量/t	排放浓度/（mg/L）
例：COD	回用集水池	68 200	280
……			

e. 年度污染物排放总量控制

污染物		排放总量/t
例：SO$_2$		45
NO$_x$		130
COD	纳管	20
	排环境	2
NH$_3$-N	纳管	2
	排环境	0.3
……		

注：纳管排放总量为排入污水处理厂的排放总量，排环境排放总量为纳管废水经污水厂处理后的排放总量。

f. 年度固体废物实际利用处置

类别	固体废物名称	利用处置方式	利用处置量
……			

g. 年度书面检查记录

检查意见

年　　月　　日

（5）排污收费

环保部门以排污单位常规报告中的污染物排放量为基础，按规定收取排污费。

（6）执法处罚

环保部门及时更新排污许可证执法处罚相关信息（详见表 5-13）。

表 5-13　执法处罚记录

处罚时间	处罚原因	处罚结果	执行情况
例：2012.10.1	热煤炉烟囱 NO_x 排放浓度超标	罚款××万元	已完成
……			

（7）其他内容

①环保部门根据排污单位提供的信息和执法结果，及时更新排污单位阶段信息（试生产、正常生产、限期治理、临时停产、停产整顿等）（详见表 5-14）。

表 5-14　排污单位阶段信息

时间	阶段信息
例：2009.5.1	开始试生产，预期试生产三个月
2009.7.15	试生产结束，开始正式生产
2012.10.2	开始进行限期治理，预期限期治理一年
2013.4.5	限期治理提前解除，进入正式生产
2014.2.3	因为××等原因，临时停产，预期临时停产四个月
……	

②排污单位按要求编制场地恢复计划，并报环保部门批准。

4. 停产关闭期要求

场地恢复：明确排污单位在停产关闭后实施场地恢复计划的义务。

需要指出的是，随着环境管理的信息化发展，对于排污许可证副本上的部分信息管理，可以同步或仅在排污许可证管理信息平台上进行录入与更新，以电子化的形式方便企业、公众查询和执法部门监管。

5.1.4　浙江省排污许可证文本设计案例

排污许可证格式文本分为排污许可证正本、副本、申领承诺书三部分。

（1）排污许可证正本包括以下内容：

①排污单位全称、生产经营场所地址和法定代表人（或主要负责人）；②排放重点污染物及特征污染物种类；③证书编号；④发证机关名称、许可证发放日期以及有效期。

（2）排污许可证副本包含以下内容：

①排污单位全称、组织机构代码、所属行业、地址、经纬度、法定代表人（或主要负责人）、所在区域生态功能区划；②排污口基本情况、污染物排放标准、污染物排放特别控制要求；③重点污染物的许可排放量、减排时限、减排量；④一般工业固废利用处置要求、危险废物利用处置要求；⑤噪声排放控制要求；⑥建设期"三同时"要求、生产运营期排污费缴纳、污染物排放和污染治理设施运行台账建立、自行监测、记录、报告、环境风险防范要求、停产关闭期场地恢复措施要求以及地方环保部门规定的其他要求。

排污许可证申领承诺书要求排污单位在申领排污许可证时，承诺了解环保法律法规的规定，知晓排污单位法定责任、权利和义务，将依法履行环境保护主体责任，严格落实各项环境保护措施和按照排污许可证要求排放污染物，自觉接受环保部门监管和社会公众监督。

此外，对于排污单位的生产情况、污染治理工艺、生产场地平面图、有偿使用和交易情况等内容较多、变化较为频繁的管理条款，以及在各个阶段的详细环保措施和自行监测、记录、报告的详细要求，将其作为排污许可证的附件放入排污许可证管理平台中，不再出具纸质文件。

具体文本格式参见附录。

5.2 排污许可证适用范围

5.2.1 发证范围

对直接或间接向环境排放污染物的行为全面进行发证管理是国际排污许可的普遍做法。全面发证是法律适用平等性的表现，是行政许可制度的基本要求，是在污染防治领域贯彻落实并体现我国《行政许可法》的重要指导原则。为体现法律公平，避免在相同主体之间产生不公平对待、不平等竞争的后果，法理上应对所有在生产经营过程中产生污染物的排污者实行许可证管理。但是，考虑现有技术和管理水平，对一些活动量大、面广、分散、危害小的污染源，实行排污许可证还存在技术上和管理成本上的难题，纳入许可管理污染源应具备固定性、有组织排放以及可以进行定向化、定量化和常规化管理等特点。因此，排污许可证的发放范围可以界定为：在生产经营过程中排放废水、废气污染物，以及产生噪声污染和产生固体废物和危险废物的排污单位，具体包括下列生产经营活动中发生排污行为的企事业单位和个体工商户：

废气污染源范围：

①向环境排放工业废气或其他有毒有害大气污染物的；

废水污染源范围：

②排放工业废水和医疗废水以及含重金属、放射性物质、病原体等有毒有害物质的其他废水和污水的；

③排放规模化畜禽养殖污水的；

④运营污水集中处理设施的；

噪声污染源范围：

⑤在工业生产中因使用固定的设备产生环境噪声污染的，在城市市区范围内建筑施工过程中使用机械设备可能产生环境噪声污染的，或者在城市市区噪声敏感建筑物集中区域内因商业经营活动中使用固定设备产生环境噪声污染的；

固废污染源范围：

⑥产生工业固体废物或者危险废物的；

⑦运营污水集中处理设施的。

5.2.2　污染物范围

（1）废水废气排放中实行总量、浓度双控的污染物范围

排污许可证除了对各类污染物进行普通的浓度控制外，一个重要作用就是对污染物进行总量控制。鉴于目前的环境监测、管理能力有限，不可能将所有污染指标都实施总量控制，因此在实施排污许可证制度需要根据实际情况确定主要污染物总量控制指标，具体操作可参考以下几方面原则：

①必须包括列入国家总量减排范围的污染物。如按照国家"十二五"污染减排规划要求，主要减排污染指标包括 COD、氨氮、二氧化硫、氮氧化物。

②重点关注环境质量主要超标污染物。根据当前环境质量现状，如大中城市频繁出现的灰霾天气，为适应当前污染防治重点工作需要，可将烟粉尘指标一并纳入。

③着重考虑区域特征污染物。根据各地方的经济发展特点，将重点行业排放的特征污染物，具备成熟监测方法和排放标准的污染物纳入排污许可证控制范畴，如 TN、TP、垃圾焚烧项目的重金属等。

④鼓励尝试有毒有害污染物排放许可。有条件地区可参考美国、欧盟、中国台湾等地区排污许可证实施经验，尝试扩大挥发性有机物、颗粒物、POPs、一氧化碳等污染物管控范围。

⑤除上述污染物外，可以针对单个污染源设立基于技术标准的总量指标。该指标可以是仅仅作用于污染源，而不涉及区域的总量管控。

（2）废水废气排放中实行浓度控制的污染物范围

①列入排污总量许可范围的污染物必须明确排放浓度控制要求。

②相关污染排放标准中明确执行浓度标准的其他污染物。

（3）固废管理范围

①产生《国家危险废物名录》中规定的危险废物类别必须列入许可管理范围。

②企业产生量最大的 3 项一般工业固废。

5.3　排污许可证分类

排污许可证制度适用对象为区域内所有排污企业，鉴于当前各地环境管理能力普遍存在局限，现阶段应把有限的环境管理财力、人力、物力用于解决主要的环境污染问题，采用分级分类管理的多层管理体系是目前推广排污许可证一种可行的模式。部分省市现有排污许可证管理办法中，对排污许可证分为 A、B 两类分别进行管理的做法应当继续加强和推广：对污染较大的 A 类企业实施排污许可总量和浓度的双控，对于污染程度较轻而对小区域影响较多的 B 类排污单位，采用以浓度控制为主、总量控制为辅的管理方式。相较于 A 类排污许可证，B 类排污许可证的主要内容和实施程序都可以适当简化。

5.4　排污许可证管理主体及权限

现行的水污染防治法规定由环保行政主管部门颁发排污许可证，大气污染防治法规定由地方人民政府颁发。同一种性质的排污行为规定不同的颁发主体，不利于实行综合许可，且增加了办事环节，降低了行政效率。在管理实践中，政府主要是对行政区域内各项工作负总责，专业性、事务性的工作则交由各相关主管部门组织实施。目前全国各地排污许可证工作试点实际操作上基本都是由人民政府委托其环境保护行政主管部门核发排污许可证，上海、深圳等地已在地方性环境保护条例中明确规定了颁发排污许可证的主体是环保部门。因此，无论从简化办事程序的需要考虑，还是从便于污染管理等方面看，都应明确由环保行政主管部门作为排污许可证的实施主体，负责排污许可证的审批、颁发、监督等工作。

为实现排污许可证的统一发放与管理，提升排污许可证制度的执行效果，有效落实证后监管等工作，建议原则上采用属地管理，按照"谁审批、谁发证、谁监管"的原则，建立排污许可证发放的分级审批颁发管理机制。在国家相关法律法规的统一指导下，省级环境保护行政主管部门负责制定省内排污许可证相关政策法规及管理制度文件，进行统一监督管理。总装机容量 30 万千瓦以上火电机组排污许可证的发放可由省级环境保护行政主管部门负责，并报环保部备案。市、县环境保护行政主管部门负责辖区排污单位排污许可证的发放，并报省环保管理部门备案。明确环境保护部、地方各级环保部门之间的委托代理关系，并建立问责机制进行监督和核查。对于 B 类排污单位，管理权限可以委托乡（镇、街道）政府（办事处）或所辖环保所（中队）托管，以减缓环保局管理人员不足的状况。

5.5　排污许可证有效期

从目前国内外排污许可证实施看，其有效期的界定主要有以下几种形式：

①明确固定期限。如美国、中国台湾地区等排污许可证有效期规定为 5 年，捷克和挪威排污许可证有效期分别规定为 8 年和 10 年，均从排污单位获得许可证之日计起；这种模式对排污许可证发展相对可控，便于及时修正执行过程中的问题。

②不明确具体期限。如德国排污许可证对有效期不设具体期限，在日常许可证管理中及时变更各项信息及要求。

③与国民经济和社会发展五年计划同步。即在一个五年规划期间颁发的排污许可证，其有效期终止日期统一为五年规划的截止日期，其有效期最长不超过 5 年。该模式有利于五年规划期区域总量控制目标与企业单元排污许可分配指标之间的动态调整，但于五年规划末期取得的排污许可证期限过短，存在刚发证即需换证的情况。

排污许可证有效期的确定应综合考虑经济社会发展规划、排污许可量的阶段性分配、排污权有偿使用和交易等制度的设计和实施，目前国内各地实施的排污权交易制度普遍倾向于设定排污权有效期，且在排污许可证推行的初期阶段，对制度实施需要不断修正和完善，因此建议现阶段的排污许可证操作上有效期设定固定期限，期限时长可与国民经济和社会发展计划间隔年一致为 5 年。

第 **6** 章

排污许可证制度改革研究：实施机制

在"一证式"管理模式下，排污许可证制度有了全新的内涵和要素，而实施机制作为制度的重要组成部分，也必然有巨大的转变。本章主要针对排污许可证制度的实施方式进行探讨，重点阐述"一证式"排污许可证制度的核发机制、监管机制、信息机制、处罚机制、公共参与机制和运行保障机制。本章的实施机制和前文中的总体思路、要素设计一起，共同形成排污许可证制度改革的整体构架。

6.1 排污许可证制度实施要点

"一证式"排污许可证制度的实施机制，应当主要围绕以下几个方面进行构建和完善：

（1）全面发证、持证排污。对于排污许可证制度所适用的对象，要求全部申请领取排污许可证。排污许可证是排污者向环境排放污染物行为合法的法律依据和凭证，排污者在排放污染物之前，必须向环保主管部门申请领取排污许可证，否则不得排放污染物。

（2）综合许可、达标排放。将大气污染物排放许可证、水污染物排放许可证和环境噪声、固废排放污染物许可证合一，统一为综合的污染物排放许可证。至于不同排污者排放不同污染物的区别，则体现在排污许可证的内容之中，由发证部门在各排污者申领的排污许可证中具体规定，排污者排放污染物，必须符合排污许可证所规定的法定要求。

（3）国家指导，属地管理。建立明确的层级管理体制，国家层面出台法律法规、政策文件和实施细则，各省级环保行政主管部门负责制定排污许可证发放、监测、审核、监管等操作规程并组织实施，市县级环保行政主管部门负责具体实施。

（4）规范审查，保障权益。建立排污许可证后监管制度，避免排污许可证制度在执行过程中出现偏离目标、背离初衷现象，严格落实企业排污许可证的定期审查制度和在线监测监控制度，增强执法刚性，全面保障企业的合法权益。

（5）公开公平，社会监督。坚持公开、公平、公正的原则，将信息公开和公众参与贯穿排污许可证申请、发放和实施各环节，有效调动公众参与监管的积极性，保障公众对环境保护工作的知情权、参与权和监督权，完善环境监管机制。

6.2　核发机制

6.2.1　告知

根据排污许可证发放范围要求，各级排污许可证发放单位确定列入实施排污许可证范围的排污单位及其许可证管制类别，以书面通知及配套新闻媒体、网络发布等形式通知到各个排污单位，要求在指定时间内到当地环境保护主管部门领取《排放污染物许可证申请表》。

6.2.2　排污许可证申请

（1）申请条件

排污许可证的申请条件是环境保护主管部门据以衡量排污单位是否符合排污许可证发放条件的法定标准和依据。申领排污许可证的排污单位应当具备以下条件：

①生产工艺和设备较为先进，环境保护设施和措施能够有效地消除或减少环境污染，并防止对环境或人体健康造成重大负面影响；

②有主要污染物排放总量控制任务的排污单位，需按照国家和省内有关规定取得相应的总量指标；

③法律、法规、规章规定的其他条件。

（2）申请材料

申请材料是对申请条件的文字说明，是证明排污者符合法定标准的书面证明材料。排污单位申领排污许可证，应当提出书面申请，提交所需证明材料，报环境保护行政主管部门受理。环境保护行政主管部门须对申请材料做出审查，确认排污者是否符合申请条件。排污许可证的申请者负有诚信义务，应当如实提交有关材料和反映真实情况，对申请材料的真实性负责。同时，对于不同的排污单位，考虑到其实际情况的不同，其申请材料可以有所区别。

①新、改、扩建项目排污许可证申请材料

对于新、改、扩建项目来说，由于环境影响评价文件已经对排污单位的生产工艺设备、环境保护设施和措施进行了完备的分析，可以直接将其作为第一项申请条件的证明材料。因而，新、改、扩建项目应当提交的申请材料包括：

——排放污染物许可证申请表（格式由环境保护行政主管部门制定）；

——建设项目环境影响评价文件；

——有主要污染物排放总量控制任务的排污单位，需提交取得总量指标的证明文件；

——排污单位守法承诺书；

——法律、法规、规章规定的其他证明材料。

排污单位在申请排污许可证时，负责人必须签署承诺书，承诺会履行排污许可证上的各项要求，从道德约束和法律监管两方面来提高企业严格执行排污许可证的自觉性。承诺书的格式可以由环保行政主管部门确定。排污单位承诺是申领排污许可证的重要依据。排污单位在申请并取得排污许可证后，方可以依照排污许可证的要求进行开工建设。

②现有排污单位排污许可证申请材料

对现有排污单位，申领排污许可证前需要开展排污许可证发放评估。已有环评文件的排污单位，重点评价其环评文件和批复是否符合当前实际运营状况，两者符合的其环评文件和批复可作为第一项申请条件的证明材料，实际运营状况与环评批复有较大变动的应按相关要求重新环评后方可申领排污许可证，其申请材料按新、改、扩建项目排污许可证申请材料要求执行；无环评文件的排污单位应先补办环评，再按新、改、扩建项目排污许可证申请材料要求执行相关排污许可证申领程序。出于尊重历史事实的考虑，对因区域限批等原因无法重办或补办环评，但其生产设备、污染治理措施及排污行为均满足环保要求，且对地方发展有较大影响的排污单位，可以请第三方单位对其进行评估，出具相应的评估报告证明其符合生产工艺设备、环保设施和措施上的条件要求，其评估报告可作为排污许可证第一项申请条件的证明材料。

由于排污许可证涉及到的方面较多，申请材料有可能无法提供全面、有效的所需信息。因而，除了以上申请材料外，环境保护行政主管部门在审查、制定和核发排污许可证的过程中，还可以根据实际需要要求排污单位提供其他相关资料。此外，排污许可证的申请形式应该多样化，给申请人提供多种可选择的方式，特别要大力推广网上申请等高效方式，加强信息化管理。

6.2.3　排污许可证审查发放

受理排污许可证申请的环保行政主管部门应当自受理申请之日起规定时限内，按完整性、合理性和合法性对申请人提交的申请材料进行审查，并根据审查结果确定是否给予排污单位发放排污许可证。

（1）新、改、扩建项目排污许可证审查发放

对于新、改、扩建排污单位，审查的重点是申请材料是否齐全、是否符合发放条件。由于环保行政主管部门原先已有对环评文件的审批/备案要求，为了简化流程，提高许可效率，可以将排污许可证审查和环评审批/备案同步进行。为此，可以要求排污单位在提交环评文件的同时，将其他排污许可证申请材料一并提交。对于符合发放条件的排污单位，环保行政主管部门可以在审批通过或备案环评文件时，同时给排污单位发放排污许可证。否则，应当依照相关规定做出不予行政许可的决定，并书面通知申请人申请结果和不予许可的原因。

（2）现有排污单位的排污许可证审查发放

对于现有排污单位，为了平缓当前环境管理体系和排污许可证管理之间的变动，应当设定一个管理过渡期。现有排污单位应当在管理过渡期内，提交排污许可证申请，并领取排污许可证。同时，排污许可证申请材料的审查重点也有所改变。

现有排污单位中，一部分已经拥有了环境影响评价文件。对于将已有的环评文件作为申请材料的排污单位，由于其环评文件已经通过审批，因此审查重点不再是环评文件本身。环保行政主管部门应当进行现场审查，审查内容主要是检查排污单位的污染物产生工艺、设备，环境保护设施、措施，以及污染物排放状况是否符合环评文件的要求。排污单位符合环评文件要求，且同时满足其他排污许可证发放条件的，即可通过审查，发放排污许可证。对于污染物产生工艺、设备，或者环境保护设施、措施有较小变化但不影响污染物排放水平，且其他排污许可证发放条件都满足的，也可发放排污许可证，但排污许可证上的内容应以变化后的情况为准。对于污染物产生工艺、设备，环境保护设施、措施，或者污染物排放状况有重大变动的，则不予通过审查。排污单位应当按要求补充后评价、重新进行环评或获得第三方出具的排污许可证申请条件评估报告后，再提交申请材料并接受审查。

对于将补办、重办的环境影响评价文件或者第三方的排污许可证申请条件评估报告作为申请材料的排污单位，其审查程序可分为两个步骤：一是书面审查环评文件或评估报告的自身内容是否符合排污许可证发放要求（审查环评文件的，可以和环评审批/备案同步进行）；二是现场审查排污单位的实际情况是否与环评文件或评估报告的内容相符。书面审查和现场审查通过以后，环保部门对满足发放条件的排污单位核发排污许可证。

6.2.4　证件管理

为了建立和完善排污许可证证后管理机制，有必要出台统一的排污许可证证后管理规定，明确排污许可证延续、注销及包括变更、重新申领、补领、证照衔接等一系列证件管理中所涉及的要求。充分重视排污许可证证后管理工作，避免排污许可证管理流于形式。

（1）排污许可证的变更

排污单位名称、地址、法定代表人（负责人）、排放污染物的种类、浓度限值、总量限值或者污染物排放的方式、时间、去向、排污口地点和数量、产生污染物的主要工艺设备、污染物的处理方式和流程等排污许可证载明事项发生变化，但尚未达到重新申领标准的，排污单位应在事项发生变化规定时间内向原发证环境保护行政主管部门申请办理变更手续。环境保护部门在审查后，将变更事项在排污许可证中予以注明。

（2）排污许可证的重新申领

排污单位项目的性质、排污地点发生变化或者因建设项目的规模和生产工艺改变等原因致使污染物排放种类、浓度、数量发生重大变化的，或者固废利用处置方式发生变化的（由处置变为综合利用），应当重新申领排污许可证。同时，依法需要补充后评价或重新进行环评或是需要获取排污权总量指标的，应当在变化实际发生前进行环评和取得总量指标，并提交相关文件以作为重新申领许可证的条件。

因产业政策的重大调整或者污染物排放执行的标准、总量控制指标及环境功能区等发生变化，需要对排污许可事项进行调整的，环境保护行政主管部门应当依法对排污许可证载明事项进行变更或者要求排污单位重新申领排污许可证。

（3）排污许可证的延续

排污单位在排污许可证有效期届满后需要延续的，应当在有效期届满规定时间前向原发证环境保护行政主管部门提出延续申请。环境保护行政主管部门根据排污单位的申请，在排污许可证有效期届满之前做出是否准许的决定。对符合条件的，予以延续，换发排污许可证；因未按期完成淘汰落后产能任务，或因环境功能区调整，被禁止或限制在该区域排放污染物等不符合条件的，不予延续，并书面告知理由。

（4）排污许可证的注销

对排污许可证有效期届满未延续、终止生产经营、已重新申领排污许可证、排污许可证依法被撤销、吊销的等情形，环境保护行政主管部门应当依法注销排污许可证并予以公告。

（5）排污许可证的补办

排污许可证在有效期内遗失或损毁需要补办的，排污单位应登报声明，并凭载有声明的报纸原件在规定日期内向发证机关申请补领排污许可证。

（6）证照管理

排污许可证正本应悬挂于主要办公场所或主要生产经营场所。禁止涂改、伪造、出租、出借、买卖或者以其他方式擅自转让排污许可证。

6.3　监管机制

6.3.1　企业自我管制机制

企业是污染排放的行为实施者，同时也应当对排污行为负有主体责任，有控制污染物排放、保证排污行为合法的义务。"自我管制"是欧美普遍重视的许可证实施机制，是指排污许可证持有者自觉遵守许可证的要求，排污者必须安装、使用和维持监测仪器设备，定期监测和提取样本，建立及维持相关记录，编制相关报告，并提供其他环保管理部门要求的信息。通过建立企业自我管制机制，将企业承诺、自我监测、自我报告和记录维持作为排污许可证对排污者的最基本要求，落实了企业的环保主体责任，既有利于降低环保部门的监管压力，也有利于企业明确自身的责任义务，促进企业环保意识的增强。

（1）实行定期自我监测或委托监测

监督监测是强化监督管理，确保排污许可证制度顺利实施的重要手段。排污单位需自行或委托第三方监测机构实施定期监测，以自我检查是否达到许可证排污规定。根据污染源规模及排放污染指标类别，结合环评文件的监测计划，在许可证副本中明确规定自我监测指标、频次、时间阶段等要求，并将监测结果在规定时间内报告许可证管理部门。如中国台湾固定污染源自行或委托检测频率分三个等级：①每三个月检测一次，于每年 1—3 月、4—6 月、7—9 月及 10—12 月期间内各执行一次检测；②每六个月于每年 1—6 月及 7—12 月期间内各执行一次检测，但两次检测间隔不得超过 9 个月；③每年检测一次，第二年以后的定期检测，与上年同期检测时间前后间隔不能超过一个月。排污许可证也可进一步规定监测设备、技术、人员、组织所需要满足的条件，例如需符合相应的监测资质认证等。

（2）建立自我记录、报告及公示制度

自我记录要求排污单位记录并保留所需的数据和资料，包括仪器设备的校准和维护记录、采样和监测记录、提交报告的副本等。所有记录必须保留一定的期限（一般三年以上）。自我报告包括常规报告、年度报告和特定报告。常规报告定期（一般为每季度）提交，报告内容主要为排污单位在上一期间内的采样和监测记录，包括采样和监测的对象、地点、时间、方法、实施者姓名，以及由此得出的污染物排放浓度和数量。常规报告是核定排污单位实际排污量及实施排污收费的重要依据。年度报告在每年年初提交，涉及内容较多，需要排污单位对照排污许可证的要求从各个方面论述自身在上一年度的排污许可证执行情况。特定报告是排污单位非正常排污时的事故报告或由于排污许可证的特定要求所需要提交的报告，例如需要试生产的排污单位，要求在试生产结束后一定期限内（例如一个月内）提交试生产报告。所有报告由排污单位自行提交给环保部门，并在相关平台和媒体上公布报告和记录的主要内容（涉及商业机密的除外），接受公众监督。报告的具体格式可由环保部门确定，其编制可由排污单位按照报告要求自行或委托有能力的第三方完成。

排污单位的自我记录、报告及公示制度是政府和公众参与排污许可证管理的基础之一，政府可以据此收集数据信息，跟踪污染源管理，确定其排污许可证执行情况，建立基准线，确定污染物排放标准，评估环境质量的变化等；公众据此获知排污信息，评估环境风险和影响，采取行动保护自身利益；企业据此评价处理和减少污染物的效果，确定降低成本的方式。该制度实施使政府将收集和提供信息的负担转给了排污者，同时，政府和公众对许可证持有者的监督则大大加强。

（3）实施强制性自我管制及相应刺激政策

自我管制是排污单位依照许可证要求实行自我监管，其实施并非完全建立在自愿的基础上，企业以盈利为目的，如果没有强制性义务，将环境成本外部化是它们的常见做法。因此，必须在排污许可证中明确企业自我监测、自我报告和维持记录的义务，载明自我管制的具体要求，使其具有强制性。同时，为了促进排污单位自我管制的实施，可以对自我披露和纠正违反许可证的行为提供有效刺激政策；对企业善意自觉地开展自我监督、发现和披露违法，并采取系统方法防止违法的行为，规定相应的免责或减轻责任措施，对未能提供信息或提供虚假信息者严厉惩罚。如美国 1995 年发布的《鼓励自我监督：发现、披露、改正和防止违法》中明确对自愿发现、披露、改正其违法行为的实体减免法律处罚的优待。激励措施应当详细、合理，对于满足激励的条件和相应的责任减免都有具体规定，从而具有实际可操作性。

6.3.2　政府监督检查机制

许可证制度属于典型的命令—控制型手段，政府监管是其有效实施的关键。对环境保护行政主管部门而言，发放排污许可证既是一种权力，更是一种责任，应建立长期有效的监督检查制度，确保排污单位持证排污。

（1）实行管理部门层级监督

建立行政督察制度，各级环境保护行政主管部门应定期向上一级环境保护行政主管部门报告本辖区内排污许可证的核发情况和监督管理情况，应加强对下级环境保护行政主管部门排污许可证核发和管理工作的监督和指导，并及时纠正其在实施排污许可过程中的违法违规行为。环境保护行政主管部门应当建立、健全排污许可证的档案管理制度，每年将上一年度许可证的审批颁发、定期检验、撤销、吊销、注销等情况报上一级环境保护主管部门备案，加强排污许可证档案管理信息化建设，排污许可证相关信息在各级环保部门实现共享，并逐步扩大至相关职能部门。

（2）现场检查与报告稽查相结合

对书面材料进行核查体现了行政监管由直接监管向间接监管转化的进步，是目前欧盟等国家环境监管的主要形式，如德国莱茵集团（RWE）火电厂每年由非政府机构计检局（GUV）对环境监测仪器校准、维修一次，当地环保主管部门对排放源的监测信息主要由企业报告上传。排污许可证监管量大面广，政府监管应充分利用排污单位自主申报材料，开展报告稽查监管，核实和督促书面报告材料的真实准确性。排污单位主动按要求提交排污许可证执行报告并在管理信息平台公示，主管部门依据许可证类别建立分类稽查机制，随机对报告符合性和合规性进行检查，相关检查结果在排污许可证副本或管理信息平台中记录。同时，环保部门可以采用"双随机"（人员随机、企业随机）等抽查模式，结合专项行动、举报查处等方式，不定期对排污许可证载明的主要事项进行现场实地检查，及时纠正违反排污许可证规定的行为，并依法对违规行为进行处罚，责令限期整改，排污者必须按照要求进行治理，按期向环境保护行政主管部门报告治理进度；完成治理任务后，必须经环境保护行政主管部门验收。现场检查的结果将记录在排污许可证副本或管理信息平台当中。对于情节严重或多次违反相关规定的，可吊销排污许可证。

（3）加强在线监控和监督性监测

监督监测是强化监督管理，确保排污许可证制度顺利实施的重要手段。监督监测的关键是能及时准确反映各污染源排污动态。然而，传统的监测方式耗费大量人力、物力和财力，却难以对排污企业实施有效监控。自动监测系统是指应用现代自动控制技术、现代分析手段、先进的通信手段和计算机软件技术，对环境指标实现从样品采集、处理、分析到数据传输全程序自动化的系统。目前污染源在线自动监测系统已成为我国重点污染源监管的重要技术手段，在许可证监管中需进一步扩大在线监控覆盖面，并在此基础上可以推广刷卡排污总量监管手段，建立"一企一证一卡"的企业排污总量控制新模式。排污单位根据许可证中的污染物排放总量控制要求制定月度排放计划，将允许排放总量指标通过环保部门充值平台以 IC 卡形式存储，并在企业端总量控制器进行刷卡操作，将指标转存到总量控制器内；总量控制器依据排放计划实时监控企业污染物排放，对排放量接近或达到许可总量的企业进行预警、关阀等操作。在线监测和刷卡排污制度明确规定排污企业在达标排放的同时，不能超出排污许可证核定的允许排放量，从而为排污许可证总量监管提供一条可行途径，有效遏制排污单位超总量排污问题。然而现阶段在线监控尚不能实现排污许可证持证单位全覆盖，监督性监测仍是政府监管的必要手段。在企业自我监测的基础上，继续开展监督性监测以及不定期抽检监测等，一方面通过比对企业自我监测数据，可以进一步判断企业排污合法性及自我监测数据的可靠性，另一方面可以充实企业污染排放数据库，便于掌握企业实际排放情况。

（4）实施分阶段管理

排污许可证的监管范围涉及到排污单位生命周期的各个过程，包括建设期、生产运营期、停产关闭期。其中，生产运营期又可以分为若干个阶段，包括试生产、正常生产、临时停产等，此外环保部门还可以视排污单位的违法违规情况，要求排污单位进行限期治理、停产整顿等。在不同的阶段，排污单位的生产运行情况、设备设施状态都可能有所不同，因此对排污单位的监管应当准确了解其所处的阶段，并针对性实行有区别的阶段式管理方法。

明确排污单位的所处阶段是实施阶段式管理的基础，阶段信息由排污单位向环保部门主动申报，并在排污许可证上及时登载明确。排污单位建设施工完成后，需要试生产的企业，要事先向环保主管部门提交试生产计划，进行试生产备案，确定试生产期限。无法按时完成试生产计划的排污单位，在试生产期满前向环保主管部门申请延续（试生产阶段最长不得超过一年）。按时完成试生产计划或者未按时完成但未经环保主管部门同意延续试生产期限的排污单位，在试生产期限满后即按正式投产状态管理。项目正式运营期间，排污单位也可以向环保主管部门申报因各种原因造成的临时停产和预期的停产时间，环保主管部门在排污许可证上登载临时停产的阶段信息。环保部门也可以根据排污单位的实际表现强制排污单位进入某些阶段。例如，排污单位超总量或者超浓度排放的，环保部门可责令其进入限期治理阶段。排污单位不按要求运转污染治理设施的，可强制其停产整顿等。

在不同的阶段中，对排污单位的监管要求应当有所不同，这一点尤其是体现在执法与处罚上。例如，在试生产阶段，排污单位因为调试设备出现超浓度或者总量排放的，应当责令其停产调整，但可以不处罚金。在限期治理阶段，环保部门应根据排污单位的限期治理目标，适当加强对排污单位的跟踪检查。由于各个阶段的特点不尽相同，环保部门应当及时、准确、有效地掌握和掌控排污单位的阶段变化，将其在排污许可证上进行登载，并以此为基础明确不同阶段的管理方法，从而实现对排污单位的阶段式管理。

6.3.3　公众监管机制

完善个人、组织举报投诉等监察方式，调动社会各方面力量来完善监管程序。建立公众投诉、检举、控告等制度，将排污者置于当地居民、社区和非政府组织等公众监督之下，将政府的部分环境管理权和责任转移给社会，弥补政府资源和能力的有限性。建立畅通的公众监督渠道，确定许可证管理机构及持证者与公众联系的方式和人员，确保公众可以接触到必要的排污资料和记录并有机会向主管部门投诉，逐步完善诉讼制度，允许公众对许可证管理者或管理机构提起诉讼，增强执法威慑力。

6.4　信息机制

信息机制是排污许可证制度运行中十分重要的一项内容。排污许可证制度的运行和管理是一项信息结构复杂的系统工作，涉及内容多、技术性强，需建立一个良好的信息沟通和工作协调平台，并建立良好的信息维护和交互制度，来协助实现排污许可证制度的有效实施，以及其与其他各项环境管理制度的良好衔接。

6.4.1　建立排污许可证管理信息平台

（1）平台建设的主要目的：排污许可证管理信息平台的建立，一是为了实现排污许可证制度实施的数据化、信息化操作，切实提高排污许可证制度的管理效率；二是提供与其他环境管理相关信息集成的平台，更好地促进排污许可证制度与其他污染源管理制度的衔接，真正发挥许可证在环境管理中的核心作用；三是便于制度涉及的三方主体更好地发挥相关作用，如推进政府管理部门的宏观统筹、企业遵循排污许可证相关要求、公众积极参与政府决策及企业排污行为监管等。

（2）平台建设的基本原则：①统筹规划，统一标准。为便于排污许可证制度的良好实施，以及不同地区、不同管理层级对平台的使用，系统设计开发需统一化、标准化。②分层建设，分步实施。充分考虑排污许可证制度实施的各项管理需求，统筹设计平台操作体系，并逐步实施；强化平台的分级应用，建立省、市、区县数据交互体系。③整合资源，协同管理。充分考虑与现有各项污染源管理制度的操作衔接、信息衔接，充分利用各地现有管理平台资源，发挥有限环境管理信息资源的最大效益，推进信息集成应用，实现各项制度的协同管理。④信息公开，强化监督。对信息平台实行对外公开，满足企业的办理、查询和公众监督的实际需求，保障企业和公众的合法权益。

（3）平台建设的主要内容：①排污许可证操作管理程序。具体包括排污许可证的申请、变更、延续、注销、暂扣、吊销等管理程序的操作，满足在具体操作中如企业申办、政府审核、公众参与等需求。②与其他环境管理制度信息资源的衔接。如环评审批信息、排污权交易信息、环境违法处罚信息等方面的交互，排污收费中对于实际排污量的核定操作、企业基本信息变更等。③平台内数据统计分析。主要是便于环保行政主管部门对排污许可证制度执行情况的宏观把握，以及辅助决策环境政策的宏观导向。④对外交流媒介。具体包括平台信息的公开、企业或公众信息反馈渠道等。

6.4.2 注重管理平台的信息维护

（1）加强信息传输过程管理

排污许可证管理信息平台的信息包括多方来源，有排污单位提供的信息、环保行政主管部门不同业务处室提供的信息、公众所提供的信息等。例如，排污单位提供企业基本信息、企业自我检查情况等，环保行政主管部门提供排污单位环评审核、试生产核准、限期治理、排污权交易、企业排污监测、环保处罚等一系列环境管理信息，公众可能对排污单位排污行为的信息揭露和其他反馈信息等。对于多渠道的信息来源需建立信息提供责任制度和信息处理相关规范，如信息定期报送、信息责任追究、数据选取规范等，确保信息传输过程的安全性及准确性。

（2）加强信息更新和存储

及时更新排污许可证管理信息平台相关数据，保持管理平台始终处于动态管控状态，为排污许可证制度的实施提供有效支持；注重平台信息的存储，包括信息来源、信息内容等方面的数据存储，以便在后续管理中追源分析。

（3）加强信息整理和评估

信息整理是对信息进行分辨、分析和筛选，进一步确定信息的价值，明确或决定信息的存储形式，并使其及时参与其他信息综合利用中，对环保决策提供帮助；信息评估主要是对信息质量进行控制，包括对不同来源数据的相互验证，分析推断信息的可靠性和真实性等，对平台信息进行质量控制。

6.4.3 建立管理平台信息交互制度

排污许可证管理信息平台的信息交互制度一定程度上体现了排污许可证制度与其他污染源管理制度之间的相互衔接，体现了排污许可证制度"一证式"管理的核心地位。

（1）与现有其他环境管理信息平台的信息交互

如环境影响评价制度中对于企业基本信息、环保设施及环境管理相关要求，在排污许可证申报期间可直接采用相关信息；项目运营期间排污费收缴中对于实际排污量申报和审核的数据可作为排污许可证制度中对于部分设计总量控制指标的实际排放总量核定依据；企业排污权交易、限期治理或环保违法惩罚等信息需及时反馈给许可证管理信息平台，以便在排污许可证制度中予以及时登载；同时，排污许可证相关信息也可作为上市企业环境信息披露提供形式内容参考，为环保执法部门的现场电子化执法提供相关信息参考等。

（2）不同层级环境管理部门间的信息交互

按照排污许可证制度分级管理的原则，省、市、县三级环境管理部门将对各自管理职责内的排污单位按照排污许可证制度的要求进行管理，但其具体管理信息进展需逐级上报，以便省级环境管理部门对全省环境保护工作的宏观调控。因此，排污许可证管理信息平台需实现上一级环保行政主管部门可查询获知下一级环保行政主管部门的排污许可证制度执行情况。

（3）不同政府部门之间的信息交互

在强化排污许可证制度在环保部门内部重要地位的同时，也注重排污许可证制度的外部应用，因而需推进排污许可证信息平台与工商、水利、住房和城乡建设、城市管理等行政主管部门的执法信息互通共享机制，及时通报相关行政许可、监督管理、行政处罚等情况，强化排污许可证制度的外部应用。

6.5　处罚机制

处罚机制是排污许可证制度中的重要环节，通过对已发生的环保违法违规行为进行惩罚，以此对潜在的违法行为造成威慑，促进环境守法。在对排污单位的监管上，环保部门要以排污许可证为执法依据。处罚机制包含两个方面的内容：一是上级环保部门对下级环保部门的监督和问责处罚，以及时纠正环保部门在实施排污许可过程中的违法违规行为，促进提高环保行政主管部门推进排污许可证制度管理的工作绩效。二是环保部门对污染源环保行为的监督和处罚，对污染源违反排污许可证规定的所有行为进行惩处。

排污许可证制度的监管和处罚可以从建设项目获得环境影响评价批复之后开始持续至企业消亡，是对污染源建设期、运营期所有环境行为的监管，实际上其违法违规环境行为的惩处措施也分散于不同时期的环境管理制度中。对于排污许可证制度执行情况的监管重点围绕新《环境保护法》第四十五条规定"实行排污许可管理的企业事业单位和其他生产经营者应当按照排污许可证的要求排放污染物；未取得排污许可证的，不得排放污染物。"因此，在排污许可证制度中需重点明确对于排污许可证的吊销和暂扣处罚。①排污许可证吊销，主要针对排污单位出现违法排污行为且在环保行政主管部门下达相关处罚指令后拒不改正，情节较为恶劣的情形，或者责令停业、关闭的情况；②排污许可证暂扣，主要用于排污单位需处于停产整治等情况。

虽然对于排污单位的违法违规处罚已分散于各项环境管理制度和法规中，但其依然共同作用于排污许可证制度。完善的处罚机制对于促进排污许可证制度的有效实施具有十分重要的作用，下面就对污染源环保违法的处罚机制建设提出以下建议：

1. 丰富监管及处罚手段

鉴于目前基层环保管理力量的不足，在对污染源的环境监管方面需进一步创新监管方式、拓展监管手段，加强监管中对于现代化信息技术的应用，如在线监测、监控，加强各项环境管理制度的信息资源共享，提高整体监管效率。进一步丰富处罚手段。2014 年修订的《环境保护法》在原有的罚款、限制生产、停产整治、责令停业、关闭等处罚措施的基础上，增设治安处罚项，对于无证排污拒不改正的行为，可给予治安拘留处罚，并赋予环保部门更多监管职权，如环保部门委托的环境监察机构现场检查权，赋予环保部门查封、扣押的行政强制权等。为贯彻落实新《环境保护法》，环保部于 2014 年 10 月同时推出《环境保护按日连续处罚暂行办法》《实施环境保护查封、扣押暂行办法》《环境保护限制生产、停产整治暂行办法》《企业事业单位环境信息公开暂行办法》等四项环境监管办法征求意见，在排污许可证的监管处罚机制建设中，要与这些环境监管办法充分衔接。此外，排污许可证制度要与企业工商执照申领、企业上市融资、信用贷款、引进外资、关税优惠等制度相结合，对于违反排污许可证管理要求的企业，除采取限期改正、经济处罚等相关处罚措施外，还应在工商管理、上市融资、银行贷款等方面加以约束。

2. 加大违法处罚力度

企业趋利本质与污染治理的外部性，决定了排污单位污染治理决策建立在治污减排、违法排污等各种方案的成本收益分析之上。违规罚则旨在通过对违规行为的惩罚，引导主体选择守法的行为方式，处罚力度轻则不足以起到威慑作用。为达到这一目的，罚则应确保当事人因违规受到惩罚带来的损失大于其违规获得的利益。新《环境保护法》在环保处罚方面进行了加强，增设了按日计罚，规定企事业单位和其他生产经营者违法排污，受到罚款处罚，被责令改正而拒不改正的，按照原处罚数额按日连续处罚。进一步强化对违证排污的制裁，采用多种科学的综合执法方式，对违法排污者加大处罚力度，如重惩故意犯、累犯加倍惩处等，同时没收违法所得经济利益。进一步强化执法刚性，增加吊销许可证甚至营业执照、按违法情节轻重给予适度的民事、刑事惩罚措施，使违法责任和处罚力度相当，彻底扭转排污企业"违法成本低、守法成本高"所造成的不利局面。

在核定违法企业的处罚水平时，可以参考国外的已有做法。美国的排污许可证制度中，以企业的违法收益作为处罚基点。为了加强处罚依据，美国采用了专门的计算机程序 BEN 模型进行计算，以剥夺违法企业的违法收益，消除其由此获得的相对竞争优势。BEN 模型的设计主要基于两点考虑：①机会成本，即违法企业因未按时购买并运行维护环境保护设施而节省下的费用用于其他方面可获取的收益；②货币的时间价值，即货币的贴现。BEN 模型提供了处罚的明确依据和清晰的计算过程，实现了违法企业的收益量化，确保处罚水平得当[1]。在此基础上，为了对违法企业造成进一步的威慑，美国法律规定了严厉的行政、民事及刑事的制裁。对违法企业实施的违法处罚额按日累加，并按违法性质（过失、故意）以及是否累犯处以不同水平的罚款甚至监禁。严格的处罚机制大大增加了企业的违法成本，为排污许可证制度的顺利实施提供了保障。

3. 强化排污总量执法

新的《环境保护法》对排污总量执法提供了法律依据，明确排污单位需"持证排污"，要求排污单位严格按照排污许可证上的规定进行排污，对于超标或超总量排污的企事业单位，环保部门有权采取责令限制生产、停产整治等处罚措施，对于无证排污拒不改正的行为还可给予治安拘留处罚。因此在排污许可证制度的处罚机制建设中，要进一步强化排污总量执法，对于排污单位超总量排污行为予以与超标准排污行为相当的处罚措施，同时强化对排污单位实际排污总量的核定。

美国的酸雨计划是成功实施总量控制的范例之一。参与酸雨计划的每个企业都被分配一个 SO_2 的年度许可排放总量，并要求安装连续监测系统（CEMS），以保证 SO_2 排放数据收集的及时、完整和精确。为强化企业遵守酸雨计划的减排动力，任何一个超许可总量排污的污染源企业将面临罚款和补扣许可的双重处罚[2]。罚款的标准是每超排 1 吨 SO_2 罚款 2 000 美元（1990 年价格），每年根据通货膨胀情况进行调整。1997 年的罚款标准为 2 525 美元/吨；2000 年是 2 682 美元/吨，而当年排污权交易市场每吨 SO_2 的价格还不到 200 美元；2007 年的罚金达到 3 273 美元/吨，而市场价格还不到 500 美元。受到罚款的污染源还需在次年用同等吨数的排放量来抵消超出的排放量。此外，对于每例违规，美国国家环保局还可酌情处以低于或等于每天 25 000 美元的民事处罚。考虑通货膨胀，2006 年这项处罚的额度为每例违规每天 32 500 美元。巨大的违约成本使得企业主动依照许可总量排污，推进酸雨计划正常开展。

我国的总量执法亦可以采用罚款作为处罚手段。应以排污单位超总量排污的严重程度为依据，明确每单位超排量的处罚额，计算最终的处罚额度。对于开展排污权交易的地区，每单位超排量的处罚额可以以历年排污权交易二级市场均价为参照，并适当高于市场价格，对最终处罚额度可不设置上限。除此之外，视实际情况还可采取停产、限产等其他处罚措施。同时，重视许可排污量的强制约束性，超排量还要在排污单位次年的许可量中扣减。由于排污单位依照许可排污量的限制进行排污是实施区域总量控制的基础，超总量排污会导致区域总量控制目标的无法实现。因此，排污单位有义务补偿对环境资源造成的损害，在次年应削减排污量，削减量与上一年度超排量等同，从而使得企业在一个更长的时间跨度内，年均排放总量可以达标。同时，考虑到上一年度实施总量控制失败，故排污单位应在扣减许可量后制定并提交总量达标计划，明确详细的年度排放控制方案，以避免超排现象再次发生。

6.6 公众参与机制

排污许可证制度围绕排污单位的排污行为进行管理，其与公众的环境利益直接相关，公众参与排污许可证制度的管理过程中是保护其自身环境利益的重要途径，同时也是增强排污许可证监管力量的有效措施。

2014 年出台的新《环境保护法》特别加强了公众参与部分，规定"公民、法人和其他组织依法享有获取环境信息、参与和监督环境保护的权利"，同时还规定，环保部门和其他负有环保监管职责的部门"应当依法公开环境质量、环境监测、突发环境事件以及环境行政许可、行政处罚、排污费的征收和使用情况等信息"，"重点排污单位应当如实向社会公开其主要污染物的名称、排放方式、排放浓度和总量、超标排放情况，以及防治污染设施的建设和运行情况，接受社会监督"，"对破坏生态环境、损害社会公共利益的行为，符合相关条件的社会组织可以向人民法院提起诉讼"等。可见，新《环境保护法》不仅将公众参与和获取信息作为一般民众的权利，同时也强化信息公开作为政府和排污单位的法律义务，大幅提升公众参与在环境管理中的地位。具体到排污许可证制度公众参与的操作上，建议从以下几个方面来加强：

1. 强化排污许可证管理的信息公开制度

信息公开是公众参与制度的基础，是建立社会互信的必要前提，也是转变行政职能、实现环境公共管理转型的基本要求和重要推动力。环境问题的公共性和环境保护的公益性决定环境信息具有公共性，更需依法公开。一是明确排污许可证管理中信息公开的内容和重点，主要包括排污许可证审核发放等审批类信息、持证单位环境影响评价文件和排污许可证主要内容、企业排污监测信息、环境违法行为及处罚信息、排污权交易信息、重大突发性环境事件信息等，除了涉及国家安全、商业秘密等依法需要保密的内容外均应逐步公开。二是规范信息公开方式，进一步明确不同信息公开的方式、途径和时间要求等，全面规范排污许可证信息公开的具体操作。以排污许可证管理平台作为信息公开的主渠道，并发挥政府网站、公报、报刊、广播、电视等主流媒体作用，积极探索网络、手机短信等新兴媒体作用，多渠道发布排污单位环境信息。三是完善信息公开的监督机制，建立健全排污许可证信息公开工作领导机制和推进机制，落实责任主体，明确任务分工；完善信息公开工作考核制度、社会评议制度和责任追究制度，对信息公开情况进行考核、评议。

在信息公开的具体实现形式上，可以借鉴国外的成熟经验。以美国为例，在排污许可证的申请、实施阶段都对信息公开有专门要求。在排污许可证申请过程中，申请者需通过填报申请表的方式向管理机关提供大量信息，包括：申请者从事的活动；设施名称、地点和通讯地址；反映设施的产品或服务的最佳标准工业代码；营运者的姓名、地址、电话号码、所有权状况；依照其他法律所获得的许可证或建设批准书；污染源及其周围的地形图；产业性质简单说明等[3]。这些申请材料的复印件都应该向公众公开。在排污许可证实施阶段，持证者必须依照许可证的要求进行排放活动，严格执行排污监测和报告要求，让管理机关和公众了解排污者执行许可证的情况[4]。持证者的监测记录、设备运维记录、排污报告等信息，除了因为保护商业秘密而不能公开的，其他所有数据都应向公众公开。

2. 拓展排污许可证制度的公众参与渠道

加强公众对排污许可证制度审批等行政决策的参与，通过主要政府网站或者新闻媒体向社会公布排污许可证审批等决策的完整信息，促进公众了解详情并有效参与；采取公告公示、听证、问卷调查、专家咨询、民主恳谈等形式广泛听取专家和公众对于排污许可证宏观决策的相关意见，促进公众参与的途径多样、渠道畅通。加强公众对排污单位排污许可证执行情况的监管，基于排污许可证信息公开制度的建设，将排污单位相关环境行为信息予以公开，便于公众查询监督，并在管理信息平台设立公众意见及监督反馈渠道，方便公众及时、有效地反映问题、表达意见和建议；建立社区环保监督员制度，鼓励对各种违证排污行为进行监督和举报。建立完善环保公益诉讼制度，鼓励公众有效运用法律力量，对环境违法行为提出法律诉讼，以此达到对环保行政管理的有益补充，促进环境监管行政和法律相结合。此外，还应该支持环保 NGO 的发展，作为非政府的、非营利性的、志愿从事环境保护的公益性社会团体，充分发挥其连接政府与公众的桥梁和纽带作用。

在公众参与渠道方面，同样可以参考国外的做法。美国的排污许可证制度就对公众参与形式作了具体而详细的规定。在排污许可证核发过程中，发证机关在完成申请材料审查后，需要先做出一个同意或不同意发证的暂时性决定。如果不同意发证，那么须发布一项否决意向通告，并接受公开评论。如果同意发证，则开始编制许可证草案，并在草案编写完成后进行公众参与。公众参与的主要形式包括：公告、征询意见以及公众听证会。公告是将许可证草案或许可证修订信息向利益相关团体和个人进行公布，其基本原则是保证受到污染源影响的所有相关团体和个人都有平等的机会对许可证草案提出质疑和发表意见[5]。公告的内容应包括许可证草案、许可证的相关论据、公众听证会计划以及其他法律规定的内容和信息。公告至少要提供 30 天的征询意见时间。当排污许可证的提议涉及相当大的公众利益时，发证机关应召开公众听证会。召开听证会的信息要提前告知公众，利益相关者应该有至少 30 天的准备期。在听证会召开过程中，许可证撰写者需要负责提供支撑许可证草案的所有依据和论证信息。利益相关个人或者团体都可以在听证会上提交口头或者书面的质询，各类文字记录和资料必须对利益相关者公开。听证会后，发证机关根据公众意见，对许可证发放做出最终决定。如果最终决定与先前的暂时性决定没有实质性改变，发证机关应向每一位提交了书面意见的人递交一份决定的复印件。如果最终决定对暂时性决定和许可证草案有实质性改变，发证机关必须发布公告。在公告的 30 天内，任何利益相关者可以要求开展证据听证会或司法审查来重新考察这一决定。完成了所有这些程序后，排污许可证才正式生效。

3.　完善对排污许可证相关意见的反馈机制

强化排污许可证制度公众参与及监督的响应机制。对于收集到的公众意见，必须对其进行认真考虑，并将合理的意见切实纳入排污许可证制度执行和改进过程中；对于公众反映的环境违法行为，要根据情节轻重、责任大小切实追究相关人员的法律责任，确保环境责任追究制度落实；对部分公众反映强烈的环境污染案件，可邀请公众共同参与处理。进一步完善环保部门对于公众意见反馈的责任机制，使所有的公众意见都能得到反馈，包括意见是否被采纳，以怎样的方式被采纳，或是因为什么原因未被采纳等，对于公众举报的违证排污行为的处理结果需及时反馈，从而切实提高公众对参与排污许可管理的积极性。建立健全环境保护有奖举报制度，对及时有效的环境保护举报视情况给予一定奖励，以此激励公众积极参与环保监督，逐步形成社会监督长效机制。

针对公众意见的采纳和反馈，美国的实践做法也值得关注和借鉴。在排污许可证核发中，需要根据公众意见对许可证进行全面完善。如果利益相关者认为许可证草案的规定存在问题，则可以在征询意见期间提交反对的理由以及相关的论证资料，许可证的管理机构必须在许可证正式签署之前给予明确的答复，包括许可证草案的修改，修改的理由，对质疑和意见的综合阐释。如果在征询意见期间发现的潜在问题导致许可证草案的修改，则需要重新开展新一轮的公告和征询意见。在排污许可证执行中，公众意见和监督也至关重要。其中，公民诉讼制度的作用最为显著。美国法律规定，任何人都可以自己的名义提起民事诉讼，控告任何没有取得许可、进行或准备进行新排放设施的建设或主要排放设施的改建，或被认为是违反了或正在违反所发放的许可证条件的人。强大的社会监督能够给予排污者巨大的震慑力，迫使其持证排污、依证排污。

6.7　运行保障机制

6.7.1　加快推进立法进程，提供法律依据与保障

法律法规是确保一项制度有效实施的必要前提。排污许可作为一项国际通用的环境管理制度，在我国实施已有 20 余年，但相关立法仍较为滞后，阻碍了排污许可证制度的有效落实。因此，必须加快立法等顶层设计进程，切实为制度实施提供法律依据和保障。如今，在《环境保护法》修订案明确规定国家实行排污许

可证制度的情况下，还需要出台正式的排污许可证管理条例，确定排污许可证制度在环境管理体系中的地位，明确排污许可证制度的许可条件、实施主体、发放程序、执行规范、排放监管和核查问责机制等，使排污许可证制度有法可依、有章可循。此外，要进一步强化对违反排污许可规定行为、弄虚作假行为的法律责任追究，杜绝排污单位因违法行为获益，切实增强排污许可制度实施的威慑性。对各个地方而言，可以结合其经济发展、行业特征和环境基础特点，制定地方的实施条例、办法或细则，以增强排污许可证制度的可操作性。

6.7.2　加强关键技术研究，强化制度科技支撑

进一步加强排污许可证制度运行关键技术的研究。加强污染源排污核算技术研究，针对目前环保部门存在多个污染源信息库的现象，各地区结合实际情况，逐步制定污染源排污核算操作办法，并推进建立统一的污染源信息库。加强排污总量核定相关技术的研究，深入研究目前广泛采用的实际测量、在线监测、物料衡算、产排污系数等排污核定方法，加强污染源监测技术及能力建设，促使排污总量核定技术更简便、更科学。加强排污许可量分配技术研究，包括区域—区域之间、区域—点源之间的分配，将分配理论方法与实际操作充分结合，统一分配思路，深入研究按需分配、等比削减、排污绩效、环境容量、综合因子等分配模式，逐步建立一套包含各类情况的排污指标分配技术方法。加强信息平台技术研发，强化计算机信息技术在排污许可证制度实施过程中的应用，深入研究信息处理技术、信息共享技术等，推进排污许可制度的高效运行。

6.7.3　抓好组织队伍建设，完善基础能力配备

各级环保行政主管部门要加强对排污许可证制度实施的组织领导，把排污许可管理作为各项环境管理制度的核心，在领导精力上、组织保证上、力量投放上加大倾斜力度，以实施排污许可管理推进环境管理制度的改革；成立排污许可证发放、监管的领导小组，明确落实相关责任，大力推进制度实施。切实加强机构、队伍、能力建设等排污许可证制度实施的基础工程建设。健全机构人员设置，组建或明确排污许可证制度实施的责任机构或部门，在有必要的情况下，建议单独设立排污许可证审批部门，确保排污许可证制度实施的工作人员、办公场地、运行经费等基本保障到位，特别要加强证后监管的经费投入和队伍建设。强化服务能力提升，加大对许可证发放工作人员的技术指导和培训力度，进一步提升业务

素质和能力水平。加强部门协作联动，明确相关部门、单位之间的协作配合制度。确保制度实施规范，严格把关核发、申领等各项工作，坚持制度实施程序规范、过程公开。探索培育第三方市场，服务排污单位对排污许可证的申领、自我检查、自我监测、自我报告等，以及政府对排污许可证的许可量核定、实际排放量核定等业务，促进提高政府行政效率及排污许可证管理的专业性。

6.7.4　进一步加大监管力度，综合提高管理水平

重点加强排污许可证的证后监管。将排污许可证作为环境监管的有效依据，有机整合证后监管与环境监管；依据"统一监管、分工负责"和"国家监察、地方监管、单位负责"等的环境监管体系，有序整合不同领域、不同部门、不同层次的监管力量，有效进行环境监管和行政执法；不断加强环境监察队伍建设，强化环境监督执法，推进联合执法、区域执法、交叉执法等执法机制创新，严厉打击企业违法排污行为。另外，要加强对排污许可证核发过程的监管。制定排污许可证的核定和发放等操作程序的规范化管理文件，严格按照规程操作；加强对排污许可证核发过程的信息公开，以便公众监督；下级环保行政主管部门需定期将本地区的许可证发放情况上报上级环保行政主管部门，实行逐级监管；通过排污许可证核发和管理工作切实提高环保行政主管部门污染源管理水平。此外，要以排污许可证制度推进排污单位的环保自查。推动各排污单位将申领排污许可证作为对自身环保管理的一次自我检查和提升，落实排污单位对排污情况自我核查、监测的责任，要求各排污单位在申请、接受审核、反馈到领取排污许可证的全过程中，全面梳理本单位环保管理中存在的薄弱环节，制定整改计划，落实整改措施，切实解决本单位的实际环境问题。

6.7.5　全面开展宣传教育，营造良好舆论氛围

全方位、多样化开展实行排污许可证制度的宣传教育，将环境资源有价、环境容量有限的理念深入人心。加强与各新闻媒体的协调，充分发挥新闻媒体的舆论引导和监督作用，广泛利用广播、电视、报纸和网络媒体宣传排污许可制度的执行意义，为制度推行营造良好的舆论氛围。各级地方政府及环保行政主管部门要运用会议、培训等各种载体，大力宣传实行排污许可证制度的重要意义，共同加深政府其他职能部门、社会各界、排污单位和公众对排污许可证的认识，全面促进排污许可证核发和管理工作。加强对公众关于排污许可制度舆情的跟踪、分

析和处理，注重对媒体特别是网络媒体的正面引导，运用舆论监督力量推进排污许可证制度的全面落实。

参考文献

[1] 韩冬梅，宋国君. 基于水排污许可证制度的违法经济处罚机制设计[J]. 环境污染与防治，2011，34（11）：86-92.

[2] Schakenbach J，Vollaro R，Forte R. Fundamentals of Successful Monitoring，Reporting，and Verification under a Cap-and-Trade Program[J]. Journal of the Air & Waste Management Association，2006，56（11）：1576-1583.

[3] 王曦. 美国环境法概述[M]. 武汉：武汉大学出版社，1992.

[4] 李挚萍. 美国排污许可制度中的公共利益保护机制[J]. 法商研究，2004（4）：135-140.

[5] 宋国君，张震，韩冬梅. 美国水排污许可证制度对我国污染源监测管理的启示[J]. 环境保护，2013（17）：23-26.

第7章

排污许可证制度改革研究：关键技术

排污许可证制度改革的精髓在于，将排污许可证制度重新设计成为污染源管理的核心制度，充分发挥排污许可证的"一证"监管作用。推行"一证式"排污许可证管理不仅仅是对现有环境管理模式的创新与加强，同时也对管理的技术支撑提出了更高的要求。本章将针对"一证式"排污许可证管理涉及的几项关键技术进行探讨，分析其应用方法，以期为排污许可证制度改革提供更为完善的支持。

7.1 许可排污量核定

对排污单位的排污量进行管控是排污许可证的基本职能之一。在我国，由于总量控制制度和排污权交易制度的推行，对许可排污量进行核定不再只是单纯地限制污染物排放量的手段，更是对环境资源进行初始配置的过程。对各排污单位分配恰当的许可排污量是总量控制制度、排污权交易制度和排污许可证制度相互衔接的关键。一方面，排污许可证中的许可排污量是总量控制指标的具体体现，区域排污单位许可排污量总和不能突破该区域总量控制目标；另一方面，排污权交易是对许可排污量的交易，科学、合理地核定许可排污量是排污权交易市场正常运转的前提。

许可排污量的核定应根据排污企业的现状及区域的排污状况、按照总量控制目标要求，根据一定的核定规则，对现有的排污指标进行分配。核定的过程实质上即是分配的过程，而从程序上看，许可排污量核定可以进一步分为区域—区域分配及区域—点源分配两个步骤。区域—区域分配是指将污染物排放指标分配到独立的行政区，通过行政手段约束其内部的排污单位达到总量控制的目的。区域—点源分配是将区域的总量控制目标分解至各个排污单位的过程。通过完成初始排污权分配，各个排污单位都获得了相应的排污权指标，一方面可以通过限制各个排污单位的排污量来实现宏观的整体排放量的约束；另一方面也促使排污单位根据自身实际排放情况对不足或多余的排污权指标开展交易。

理论上来说，污染物排放总量目标分为容量总量目标和阶段性总量控制目标。目前我国污染物排放水平总体上超出了环境容量，对污染物排放总量的控制还不能达到容量控制水平，现阶段的环境管理手段中对污染物总量控制实际为减排前提下的阶段性总量控制。在分配初始排污权时，需要考虑与国家污染物总量减排工作相衔接。在分配目标上，排污权指标总量应以减排要求下的阶段性总量控制目标为依据；在分配周期上，应与国家下达的总量控制五年规划期相一致，即每五年分配一次；在分配程序上，可采用省—市—县—行业—企业的自上而下的形式，其中省—市—县属于区域—区域的分配过程，而县（市）— 行业—企业为区域—点源分配过程。下面将分别对区域—区域和区域—点源这两个分配步骤进行详细讨论。

7.1.1　区域—区域分配

1.　分配方法

许可排污量核定的首要步骤是将总量指标从上级区域分解到下级区域的区域—区域分配。根据分配思路和目的的不同，区域—区域分配有着多种分配方法。理论和实践中较常出现的分配方法有等比例分配法、层次分析法和基于容量总量分配法等。

等比例分配法按各分配对象的现状排放量在总排放量中所占的比例为权重进行。等比分配法最为简单易行，所需的数据量最少，同时可表现一定程度的公平性，其缺点是未考虑各个区域的排污差异和自身特点，分配效率差，精细化水平低。

层次分析法是通过定量与定性分析相结合，建立系统的、有层次的经济、环境、资源指标体系，并利用指标体系进行分配的方法。由于综合考虑了各方面因素，因此分配结果具有较强的理论支持。但是，层次分析法所需的资料较多，涵盖指标体系各方面的基准年数据，且对现状排放量考虑不足，实际应用中会造成各个区域减排目标的公平性较差。

基于容量总量分配法是根据不同区域的最大允许排放量，将该排放量作为权重（称之为容量权重），对总量进行区域间分配。这种方法与环境质量有良好响应，但对现状排放情况的响应程度较低，分配结果可操作性较差。该法需要资料包括各区域的环境区划资料及环境容量、现状排放情况等。基于容量总量分配法可进一步分为两种方法：①完全基于容量总量分配，即完全按照环境容量的计算的结果进行总量分配；②部分基于容量总量分配，即依据环境功能区类型，对于部分需要重点改善环境质量的区域，严格按照容量总量进行分配，其余区域按容量权重分配总量目标。总体上，由于目前在环境容量测算上的难度和争议较大，基于容量总量分配法的实际应用仍有很多障碍。

当前情况下，考虑到实际能力水平和分配需求，在确立区域—区域分配方法时，应当遵循以下两个原则。首先，污染物排放目标总量的分配必须具有公平性，应以各地区的污染物现状排放量为基础，不同地方的减排任务不应过于悬殊。其次，地方在经济、环境、资源和管理等方面存在差异性，这些信息也必须加以考虑，从而提高分配效率。即总量分配应当是公平和效益的统一。为此，可以综合层次分析法和等比例分配法的优点，采用修正的层次分析法，实现总量分配的优化。运用修正的层次分析法进行总量分配的技术路线见图 7-1。

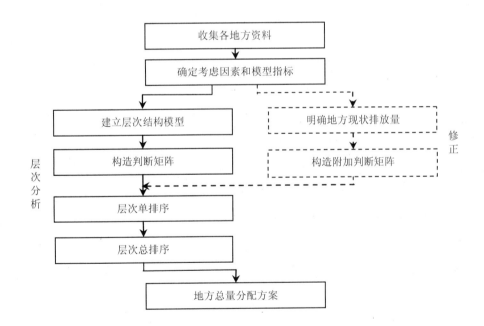

图 7-1　区域—区域总量分配技术路线

一般而言，传统层次分析法的总量分配包括资料收集、指标确定、层次分析、方案生成等步骤。其中层次分析又具体包括以下几个过程：①建立层次结构模型。将决策的目标、决策准则（影响因素）和决策对象按它们之间的相互关系由上到下分为目标层、准则层和决策层。在这里，目标层就是污染物总量分配，准则层为影响分配的各个因素，例如污染物现状排放量、环境质量状况等，而决策层即为参与总量分配的各个地方。②构造判断矩阵。在层次结构模型中，准则层和决策层里都含有多个元素。对于同层各元素，以相邻上层有联系的准则/目标为准，分别两两比较，用评分办法判断其相对重要或优劣程度。对于层内的 n 个元素，评分可以构成判断矩阵 $U = (u_{ij})_{n \times n}$，其中 u_{ij} 即为元素 i 对元素 j 的相对重要性评分。一般地，评分采用的标度为 1～9 及其倒数，评分越高，元素 i 相比元素 j 的重要性越大。1 为两个元素对于上层某准则/目标同等重要，9 为元素 i 相比元素 j 对于上层某准则/目标来说极端重要。显然，对于任意 u_{ij}，都有 $u_{ij} = 1/u_{ji}$。评分可以咨询专家确定。对于有相关数据支持的，例如比较不同地方在环境质量状况上的优劣，也可以直接用数据对比得出。③层次单排序。利用判断矩阵来得出同层各元素对于相邻上层某准则/目标的相对重要性权重。具体地，需要求得判断矩阵的最大特征值及其相应的特征向量，然后再将特征向量归一化得到权向量。各元素的相对重要性权重即由权向量直接给出。此外，还需要进行判断矩阵的一致性检验，这主要是对判断思维的逻辑一致性进行检验，防止判断逻辑产生矛盾。④层次总排序。基于层次单排序的结果，确定决策层中元素（参与分配的地方）对于总目标（总量分配）的相对重要性权重。这在实际上是一个权重叠加的过程。层次单排序可以明确决策层中各元素对于准则层元素的相对重要性权重，以及准则层中各元素对于总目标的相对重要权重，而层次总排序就是将这两项权重进行叠加，生成最终的重要性权重值。为防止逻辑矛盾，层次总排序也需进行一致性检验。

传统层次分析法的优点是能够对总量分配的多个影响因素同时进行考虑。但是，污染物现状排放量只能作为众多影响因素的其中一项，无法在分配中发挥基础性作用，造成分配结果与现状排放量偏差太大，减排目标缺乏足够的公平性和合理性。为此，有必要对层次分析法进行修正。修正的目标是将污染物现状排放量的作用整合到其他各个影响因素当中，增强减排公平性。从结果上看，这可以提升分配方案的实际可操作性。从理论上看，这也有助于完善层次分析法总量分配的合理性。以环境质量状况为例，环境质量相同或类似的地区，并不应当直接给予相同的分配权重。考虑到环境质量是在地区受纳现有的排污量之后的环境反馈，以现状排放量为基准来进行环境质量因素下的权重分配更为合理。因此，层次分析法修正实质上是在理论完善的基础上，对分配方案的减排公平性的改进。

层次分析法对于各影响因素下的不同地区权重分配是基于判断矩阵的，因而对判断矩阵进行改进是最为直接有效的修正方法。假设在污染物现状排放量下比较不同地区形成的判断矩阵为 $U^P = \left(u_{ij}^P\right)_{n \times n}$，在其他某影响因素下比较不同地区形成的判断矩阵为 $U^C = \left(u_{ij}^C\right)_{n \times n}$。为了将现状排放量的作用整合到其他影响因素中，可以将 U^P 作为附加判断矩阵，在 U^C 进行层次单排序之前，将 U^P 整合进 U^C，得到 $U^{C'} = \left(u_{ij}^{C'}\right)_{n \times n}$：$u_{ij}^{C'} = u_{ij}^P u_{ij}^C$。

用 $U^{C'}$ 代替 U^C 进行剩下的层次单排序和层次总排序，并生成总量分配方案，就实现了对层次分析法总量分配的修正。

2. 分配案例

以"十二五"期间浙江省工业 COD 总量分配为案例，研究和阐述运用修正的层次分析法进行总量分配的具体方法和步骤。根据《浙江省"十二五"主要污染物总量减排规划》测算，全省"十二五"工业 COD 总量控制目标为 15.05 万 t（只计重点源），省内各地市需要在此基础上进行进一步分配。

在总量分配的整个过程中，除去开始的资料收集，基础性的一步就是建立层次结构模型。在现有资料的基础上，结合浙江省的实际情况，确定本次 COD 总量分配的层次结构模型如图 7-2 所示。

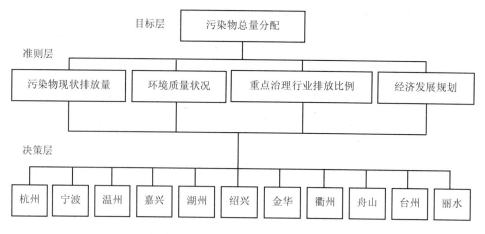

图 7-2　浙江省工业 COD 总量分配层次结构模型

可以看到，在准则层主要考虑了四方面的因素：污染物现状排放量、环境质量状况、重点治理行业排放比例、经济发展规划。除去污染物现状排放量，后三个因素分别代表着环境承受能力、减排潜力和增长潜力。这四个因素也直接构成了准则层的所有元素。实际分配中，根据条件和需求的变化，准则层的元素还可以灵活调整。对于各个元素，以上层的目标为准，两两比较其重要程度，生成判断矩阵 U^B：

$$U^B = \begin{pmatrix} 1 & 1 & 1 & 3 \\ 1 & 1 & 1 & 3 \\ 1 & 1 & 1 & 3 \\ 1/3 & 1/3 & 1/3 & 1 \end{pmatrix}$$

矩阵 U^B 中的 u_{ij}^B 代表了，对于上层目标（总量分配）来说，准则层中第 i 个影响因素相比第 j 个影响因素的相对重要程度。例如，$u_{23}^B = 1$，意味着对于污染物总量分配来说，环境质量状况和重点治理行业排放比例同等重要。同样地，u_{24}^B 等于 3，意味着对于总量分配来说，环境质量状况比经济发展规划更为重要，相对重要程度为 3（稍微重要）。判断矩阵完成后，进行层次单排序，得到矩阵 U^B 对应的权向量 $W^B = (0.300，0.300，0.300，0.100)^T$。该权向量即显示了基于判断矩阵得出的准则层各元素对于上层目标的权重。对于污染物总量分配来说，污染物现状排放量、环境质量状况、重点治理行业排放比例的权重相同（0.300），经济发展规划的权重较小（0.100）。这主要是考虑到经济发展规划的不确定性较多，其对实际排放量的影响能力有限，而其他三个因素的影响能力则更为确定。对判断矩阵做一致性检验，结果满足一致性要求。

对于决策层中的 11 个地市，以各个影响因素为准，两两比较其重要程度，生成各自的判断矩阵。各市之间的比较均基于 2010 年水平。判断矩阵中的评分以各地市相应指标的数值相比得出，比值为小数的，四舍五入为整数。在具体指标选择上，污染物现状排放量为工业 COD 排放量，环境质量状况为水体高锰酸盐指数，重点治理行业排放比例为造纸、印染、化工、皮革、食品饮料五大行业的 COD 排放占工业企业的总排放比例，经济发展规划为 GDP 规划增速。在层次单排序前，还需要对除了污染物现状排放量以外的三个影响因素所对应的判断矩阵进行修正。为提高精确度，修正时各判断矩阵先采用小数形式，修正完成后再四舍五入为整数。以环境质量状况为例，所对应的未修正判断矩阵 $\boldsymbol{U}^C$ 和修正判断矩阵 $\boldsymbol{U}^{C'}$ 分别为（11 行 11 列矩阵，只展示部分）：

$$\boldsymbol{U}^C = \begin{pmatrix} 1 & 2 & 1 & 2 & 1 & \cdots \\ 1/2 & 1 & 1/2 & 1 & 1 & \cdots \\ 1 & 2 & 1 & 2 & 1 & \cdots \\ 1/2 & 1 & 1/2 & 1 & 1/2 & \cdots \\ 1 & 1 & 1 & 2 & 1 & \cdots \\ \cdots & & & & & \end{pmatrix} \qquad \boldsymbol{U}^{C'} = \begin{pmatrix} 1 & 3 & 3 & 4 & 5 & \cdots \\ 1/3 & 1 & 1 & 1 & 2 & \cdots \\ 1/3 & 1 & 1 & 1 & 2 & \cdots \\ 1/4 & 1 & 1 & 1 & 1 & \cdots \\ 1/5 & 1/2 & 1/2 & 1 & 1 & \cdots \end{pmatrix}$$

矩阵 $\boldsymbol{U}^C$ 和 $\boldsymbol{U}^{C'}$ 中的 u_{ij}^C 和 $u_{ij}^{C'}$ 代表的是，对于污染物现状排放量来说，第 i 个市相比第 j 个市在修正前和修正后的相对重要程度。对 $\boldsymbol{U}^{C'}$ 进行层次单排序，即可得到 11 个市在环境质量状况上的修正权重。对其余的影响因素也进行修正，得到各市的权重见表 7-1。

表 7-1　各地市在四个影响因素下权重

市	污染物现状排放量	环境质量状况	重点治理行业排放比例	经济发展规划
杭州	0.206	0.243	0.187	0.209
宁波	0.106	0.086	0.110	0.111
温州	0.067	0.086	0.066	0.068
嘉兴	0.120	0.061	0.110	0.111

市	污染物现状排放量	环境质量状况	重点治理行业排放比例	经济发展规划
湖州	0.059	0.047	0.055	0.057
绍兴	0.163	0.135	0.142	0.151
金华	0.059	0.047	0.066	0.053
衢州	0.072	0.108	0.066	0.082
舟山	0.035	0.045	0.037	0.041
台州	0.045	0.039	0.078	0.041
丽水	0.067	0.104	0.083	0.078

注：所有判断矩阵均通过一致性检验。

基于前面的工作，可以进行层次总排序，得到 11 个市对于总目标，即污染物总量分配的相对重要性权重。以此权重为依据，可以直接对全省的总量进行分配。结合本案例的总量控制目标，得到具体分配结果见表 7-2。

表 7-2　浙江省工业 COD 总量分配结果

地市	2010 年排放量/万 t	总量分配权重	"十二五"目标总量/万 t	"十二五"期间减排任务/%
杭州	3.238	0.212	3.186	1.59
宁波	1.721	0.102	1.529	11.16
温州	1.116	0.072	1.088	2.50
嘉兴	1.771	0.099	1.482	16.31
湖州	0.863	0.054	0.813	5.80
绍兴	2.583	0.147	2.215	14.24
金华	0.847	0.057	0.856	−1.05
衢州	1.174	0.082	1.231	−4.88
舟山	0.518	0.039	0.588	−13.68
台州	0.730	0.053	0.796	−9.04
丽水	1.129	0.084	1.264	−12.00
总计	15.69	1	15.05	/

注：层次总排序通过一致性检验。

从结果可以看出，对于几个环境质量较差、重点治理行业排放比例较高的市，例如宁波、嘉兴、绍兴，其减排任务都比较重，而对于环境质量较好，或是重点治理行业排放比例较低的市，减排任务则为负数，意味着其工业 COD 目标总量比 2010 年的实际排放量可以适当增加。同时，各地市的减排任务基本都控制在了 15% 以内（嘉兴为 16.31%），整体的减排公平性较好。修正的层次分析法将现状排放量的作用整合到各影响因素当中，使得地区的差异化特点和排污现状能同时得以充分考虑，为总量指标的区域—区域分配提供了一种合理、有效的分配手段。

7.1.2　区域—点源分配

区域—点源分配主要是指在市县级管理单元内，将总量指标分配到各个排污单位的过程。每个排污单位分配到的总量指标即为其许可排污量。具体的分配思路为：

（1）明确区域分配总量

在上级分配的总量目标约束下，综合考虑区域发展规划所需的总量目标，留存一定比例的储备指标后，确定合理的区域分配总量。

（2）选取分配路线

分配路线主要可分为区域—点源、区域—行业—点源分配两种模式。

①区域—点源

针对无明显行业污染特征的区域，可根据工业点源的特征采用直接到点源分配路线。

②区域—行业—点源

对行业结构不合理而需要大幅度结构调整的区域，可采用先到行业再到点源的分配路线。

区域—行业的分配可选择区域造纸、印染、食品、化工等传统意义上的水污染重点行业，采用行业总量控制和排放绩效法。结果应确定行业优于现状的排放绩效或排放标准，或对行业提出收缩、提升产业政策。

行业—点源的分配是在某种行业已确定了新的排放绩效等相关政策法规等的前提下，对点源提出适用的方法，如提高排放标准、减少排放总量等。在行业需要企业减少总量而企业难以达到的部分极端情况下，可由政府部门对企业提出转产、关闭等强制措施。

（3）确定分配企业名单

根据属地管理由地方环保部门确定参与总量分配的企业名单，一般应满足以下两个条件：一是原则上应包括所有分配基准年污染源普查动态更新工业排污单位；二是日排放总量控制污染物超过一定限值的现有工业排污单位。

（4）许可排污量的核定

①重点行业许可排污量核定

1）行业总量控制

对结构污染较为明显的地区实施重点行业总量控制，可结合行业整治和环境质量改善要求限定总量目标及排水额度、回用比例等排放要求。对超允许目标的区域，要按照清洁生产水平和排污绩效进行统一核减，再按区域总量削减比例进行统一核减。

2）行业排污绩效

对重点行业排污企业，在达到国家或地方污染物排放标准的基础上，可结合当地实际制定排污绩效标准，以区域相同行业最佳清洁生产技术、先进生产工艺、最佳治理控制技术、管理水平较好企业的污染物排放水平为基准分配排污总量指标。

3）许可量初步核定

按排污绩效计算的排污量，与排污单位项目环评批复进行比较，初步确定许可排污量。如按排污绩效计算结果大于环评批复允许排放量，按环评批复允许排放量预分配许可排污量；如按排污绩效计算结果小于环评批复允许排放量，在可分配的总量指标不足地区，按排污绩效计算结果预分配许可排污量。

②其他行业许可量核定

未制定排污绩效的行业，现有工业企业许可排污量核定原则上以环评批复允许排放量为主，同时参考分配基准年污染源普查动态更新调查数据、原排污许可证许可排放量、"三同时"竣工验收监测报告和满负荷生产情况下的实际排放量，但不得超过环评批复允许排放量。环评批复和经批复的环评报告未明确允许排放量的，其许可量核定以分配基准年污染源普查动态更新调查数据为主，同时参考原排污许可证许可排放量、"三同时"竣工验收监测报告和满负荷生产情况下的实际排放量。

（5）许可排污量分配调整

将区域所有分配范围内排污企业初步核定的许可排污量结果加总，其总量不得超过区域可分配总量指标的约束。如初步核定总量超过区域可分配总量，应按行业进行等比例削减，各行业的削减比例可根据五年计划减排目标、行业污染物排放强度等因素综合确定。如初步核定总量小于区域可分配总量，其差额部分可纳入政府储备量。完整的区域—点源总量分配技术路线见图 7-3。

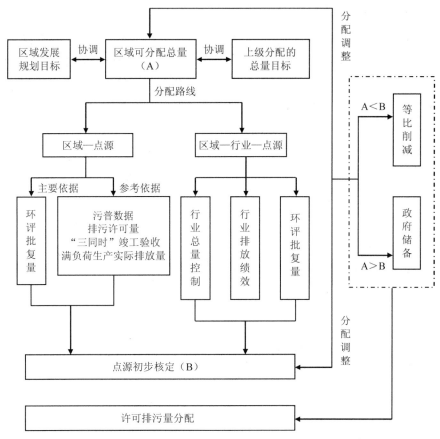

图 7-3　区域—点源总量分配技术路线

7.2　实际排污量核算

实际排污量核算是排污许可证监管中的重要一环。通过对排污单位的实际排污量进行核算，并与许可排污量进行比对，可以判断排污单位是否有超总量排污的行为。实际排污量应当小于等于许可排污量，否则排污单位即违反了排污许可证的许可内容。客观、准确地核算实际排污量是排污许可证执法管理的基础，也是总量控制制度和排污权交易制度实施的保障。

一般地，实际排污量核算方法包括实际监测法、物料衡算法、类比分析法等。

其中，实际监测法对精度最有保障。但是，考虑到"一证式"模式下纳入总量控制的企业范围广、行业类型多，污染源在线监测设施安装率不高、运行不够稳定，手工监督性监测覆盖面不广等原因，现有的监测能力尚不能满足各类排污量核算的管理需求，因而仍需要以物料衡算法和类比分析法作为核算的补充。

7.2.1 实际监测法

实际监测法是指通过对污染源排放的废水、废气（流）量及其污染物浓度进行监测，依据监测结果计算污染物排放量的方法。常用的计算公式为：

$$G = CQ$$

式中：G —— 废水或废气中的某污染物排放量；

Q —— 废水或废气排放总量；

C —— 某污染物在废水或废气中的浓度。

实际监测法的数据直接从实际测量中得出，因而数据较为准确，可靠性较高。根据监测手段的不同，实际监测法可以再分为连续监测法和抽样监测法。连续监测一般采用自动在线监测的方式。抽样监测则主要选取代表性的时段，依照一定的采样方法进行监测。

对于尚不能开展连续监测的污染物，主要采用抽样监测的方法。抽样监测可以是由环保部门进行监督性监测，也可以是企业自行监测或委托第三方监测。在抽样监测中，应当注意监测时段、监测频次和监测方法的选择。为确保监测数据的真实可靠且具有代表性，每次监测应结合排污单位生产工况、生产设施运行状况、环保设施运行状况和污染物排放状况进行全面评估，使监测结果能客观反映排污单位实际情况。对于监测时的企业各方面状况，应当和监测结果一同记录，建立完整的企业监测档案。

对于有条件的污染源，应当尽量开展自动在线监测。自动监测的采样频率高、获取监测资料及时、反应快速，是核算实际排污量最有效合理的方法[1]。但是，各地在监测仪器设备标准化、监测数据准确化、监测结果科学化、运营管理制度化等方面都还有所不足。为支持污染物实际排放量核算的有效开展，我国的自动监测体系还需要在以下几个问题上进行注意：

第一，确保在线仪器设备标准化和监测系统规范化。仪器设备选型直接关系到监测数据是否合法、准确、有效，应优先选用经环保部环境监测仪器质量监督检验中心适用性检测和国家环保产业协会认证的仪器设备，固定污染源烟气自动监测设备（CEMS）的安装必须符合相关技术规范和要求，测量方法采用统一的国家标准，确保不同区域、企业的自动监测结果具有可比性，统一使用数据传输和管理软件能够兼容的数据传输系统，保证各级数据联网运行。

第二，确保监测数据的准确性和有效性。严格执行自动监测系统的质量控制要求，按要求开展系统比对监测工作，比对监测是保证自动监测数据准确性的有效措施，也是进行质量控制和管理的重要环节，对确保污染源自动监测数据质量具有至关重要的作用。应严格按照《国家监控企业污染源自动监测数据有效性审核办法》和《国家重点监控企业污染源自动监测设备监督考核规程》，做好自动监测数据有效性审核工作，确保监测数据合法、有效。

第三，理顺自动在线监测系统的管理体制和运行机制。完善的运营管理体制是确保污染源在线监测系统发挥作用的前提，依据环境保护部《污染源自动监控设施运行管理办法》相关要求，建议建立第三方运营管理机制，即委托有资质的运营单位对在线监测系统进行日常巡检、运营维护、校准和效验、故障维修等后期保障工作，同步建立第三方运营管理考核机制，明确排污单位、运维机构各方责任，对在污染源在线监测设施运行及数据管理等方面出现的违法、违规、失职等行为，提出统一的要求和处罚标准，使监管工作有法可依。

7.2.2　物料衡算法

物料衡算法是指根据质量守恒原理，对生产过程中使用的物料变化情况进行定量分析的一种方法[2]。在生产过程中，进入某系统的物料量，必等于排出的物料量和过程中的积累量[3]。计算公式为：

$$\sum G_{投入} = \sum G_{产品} + \sum G_{流失}$$

式中：$\sum G_{投入}$ —— 投入系统的物料总量；
　　　$\sum G_{产品}$ —— 产出的产品总量；
　　　$\sum G_{流失}$ —— 物料和产品的流失量。

当投入的物料在生产过程中发生化学反应时，流失量可以认为是回收、处理、转化、排放量的总和，因而可以采用以下公式计算污染物排放：

$$\sum G_{排放} = \sum G_{投入} - \sum G_{回收} - \sum G_{处理} - \sum G_{转化} - \sum G_{产品}$$

式中：$\sum G_{排放}$ —— 某污染物的排放量；

$\sum G_{回收}$ —— 进入回收产品中的某污染物总量；

$\sum G_{处理}$ —— 经净化处理掉的某污染物总量；

$\sum G_{转化}$ —— 生产过程中被分解、转化的某污染物总量。

物料衡算可以依据需要，围绕整个生产过程或生产过程的某一部分、单元操作、反应过程、设备的某一部分或设备的微分单元进行[4]。这种为进行物料衡算所取的生产过程中某一空间范围称为控制体。物料衡算的步骤有：①选定控制体，作控制体的流程图，给出物流编号。根据选取的衡算物料质量基准，在图上注明各已知的物料质量和组成，对未知量赋以相应符号；②根据进料和出料关系，列出各个独立方程，校核独立方程数目是否与未知量数目相等；③联立方程组，求出各未知量。如果参与过程的物料中，有一个或数个组分（或元素）的质量在进料和某项出料中不发生变化，则这种组分称为联系物。利用联系物可使物料衡算变得较为简便。

采用物料衡算法核算污染物产生和排放量时，应对企业生产工艺流程和能源、水、物料投入、使用、消耗情况进行充分调查了解，从物料平衡分析着手，对企业的原材料、辅料、能源、水的消耗量、生产工艺过程进行综合分析，合理选择衡算界面和衡算的元素、物质和物料，重点考察选择的生产单元和进行衡算的物质在进行核算时是否资料亦收集、数据可信度是否有保证，关键性指标必要时可以通过实测来提高衡算可靠性，从而使测算出的污染物产生量和排放量能够比较真实地反映企业在生产过程中的实际情况。

由于物料衡算法核算污染物排放量的工作量较大，计算较繁琐，需要考虑到生产过程中的各个细微环节，一般要求计算人员对生产工艺十分熟悉，因此该方法多用于工艺流程和产污原理简单、产品单一、污染治理工艺常规的行业企业污染物排放量的核定。在我国，物料衡算法常用于电力行业的二氧化硫排放量核算。对于非单一产品多生产线的企业，直接采用物料衡算法计算的难度较大，但根据行业特点亦可以采用水平衡等进行间接核算。

7.2.3　类比分析法

类比分析法是参照与污染源类型相同或相似的现有项目排污资料或实测数据，通过类比核算污染物排放量的方法。类比分析法中最为常用的即为排污系数法。

排污系数是指在正常技术经济管理条件下，生产某单位产品所排放的污染物数量的统计均值。通过排污系数和产品产量，可以计算出污染物的排放量：

$$G = K \times W$$

式中：G —— 某污染物排放量；

　　　K —— 某污染物的排污系数；

　　　W —— 产品总产量。

排污系数法的关键是污染物的排污系数。由于不同行业企业的产品、生产工艺、治污工艺均不尽相同，因此需要通过对大量实际生产经验值进行统计、分析、论证才能确定合理的排污系数，并需要不断更新。在实际运用中，排污系数应根据工程特征、操作管理及污染治理情况等因素进行修正。其中，工程特征包括项目性质、生产规模、车间组成、产品设备、工艺路线、生产方式、原料燃料成分与消耗量、用水量等方面[5]。由于不同的企业间千差万别，选择合适、合理的排污系数往往难度很大。实践操作中，大体可以遵循以下原则：

①采用国家制定的相关行业污染物产排污系数（例如《第一次全国污染源普查工业污染源产排污系数手册》《"十二五"主要污染物总量减排核算细则》中的产排污系数），根据企业的主导生产工艺、生产规模、治理技术等，选用对应的排污系数。

②有地方行业排污系数标准的，优先采用地方排污系数。为提升排污系数法核算结果的准确性，各地可以根据辖区内各行业企业生产和污染治理等实际情况，对典型生产设施和工程开展全面调查，完善建立生产、排污和环境管理台账制度，对区域内同行业企业产品产量和排污量历年监测数据进行累加分析，针对性制定出台地方特定行业排污系数手册，并根据生产工艺和治污工艺的改进进行动态调整，不断提高运用排污系数法核算污染物排放量的准确度。

③国家和地方排污系数手册中没有覆盖的生产工艺、末端治污技术，可以根据企业生产采用的主导工艺、原辅材料、规模及治理技术等实际情况，类比采用同行业相似企业的排污系数进行核算，也可以参照其他各类排污系数或经验系数

进行核算，并总结不同工艺水平和原料的排污变化。

④采用排污系数核算污染物排放量时，应兼顾排放达标情况，避免出现按照排污系数法核算结果倒推，排放浓度出现超标等与实际不符的情况。

7.2.4 核算方法选择

对于实际排放量核算的各种方法，应明确各自的使用范围和使用规范，做到核算时可以覆盖各个行业，同时明晰每种方法的适用边界，方法之间不推荐互相校核，减少数据核算中的不确定性。可以在国家层面上出台实际排污量核算的技术规范，统一不同条件下的核算要求。对于重污染工业行业，应该分行业、分污染物地确定最适核算方法；对于一般工业行业，可以建立更为通用的普适核算方法[6]。总的来说，在结果精度要求较高、基础条件较好的情况下，应首先推荐实际监测法[7]。

实际排污量的核算是一项较为复杂但又相当重要的工作，在排污许可证制度的推行过程中，必须注重加强和落实。鉴于其工作量的巨大，应充分发挥企业自我管制的作用，建立企业自我报告为主，环保部门监督抽查为辅的核算体系。

7.3 刷卡排污系统

高效、可靠的监管体系是推进排污许可证制度发展的重要支撑。为确保排污许可证制度的顺利实施，浙江等地在污染源自动线监测系统的基础上推行刷卡排污总量监管手段，其基本思想是以落实企业环境保护主体责任为核心，以总量管理为目的，以排污许可证为依据，以刷卡排污为手段，明确规定排污企业在达标排放的同时，不能超出排污许可证的许可排污量排放污染物，建立"一企一证一卡"的企业排污总量控制模式，在污染物实际排放量到达分配额度时实施预警、远程关停等总量控制措施，促使企业采用清洁生产、提高污染处理效率、排污权交易等方式减少污染物排放或竞购排污权指标。鉴于刷卡排污系统的独特性、创新性和在排污许可证实施方面的重要支撑作用，本小节将以浙江省的刷卡排污系统为例进行介绍。

7.3.1 刷卡排污系统组成

刷卡排污系统由企业端的刷卡排污总量自动控制设备、各级环保部门中心端的管理平台和数据安全传输网络三部分组成。其基本构建思路是依托现有污染源自动监控系统，在企业端新增总量控制器、电动阀门（含电动执行装置）和电磁流量计，并通过数据通信链路与管理平台通信，实现刷卡排污。管理平台软件全省统一，由省排污权交易中心负责建设下发，市、县统一安装下发的平台软件，通过环保专网与省平台互通。各管理平台直接监管的企业，通过传输网络直接向相应平台报送数据，市、县级管理平台同时通过环保内部网络逐级向省级管理平台报送数据，以实现省、市、县三级管理平台数据同步。目前，刷卡排污系统的监测对象为废水和废气。其中，废水刷卡排污系统监测指标包括：流量、COD 和氨氮，并预留三项。废气刷卡排污系统监测指标包括：流量、二氧化硫和氮氧化物三项，并预留三项。刷卡排污系统的基本网络结构参见图 7-4。

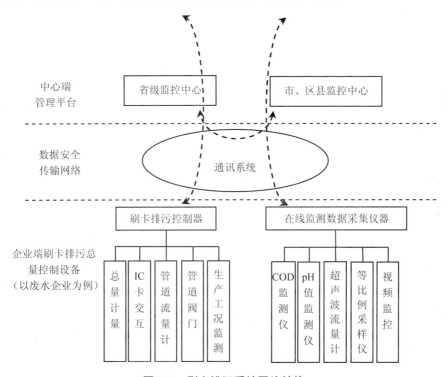

图 7-4 刷卡排污系统网络结构

7.3.2 刷卡排污系统功能

通过刷卡排污系统，可以实现企业信息管理、实时数据监控、阀门与工况数据监控、汇总与报表、远程设置与控制等各类功能。

1. 企业信息管理

企业是污染排放的来源。在刷卡排污管理平台中，可以对以下几类企业信息进行管理：

（1）污染源基本信息：可以添加、删除、修改及查询污染源基本信息。主要包含的信息有 ID、污染源编码、污染源名称、行政区划、隶属关系、企业规模、单位类别、行业类别、注册类型、流域、污染源类型、污染源地址、中心经度、中心纬度、管辖地行政区代码、标志、污染源级别等。

（2）排污许可证：可以添加、删除、修改及查询排污许可证信息。主要包含的信息有 ID、污染源、排污许可证编号、污染物、污染物允许排放量、最高允许排放浓度、状态等。

（3）排放口信息：可以添加、删除、修改及查询排放口信息。主要包含的信息有 ID、污染源、排放口编号、排放口名称、排放口位置、排放规律、排放去向、功能区类别、经度、纬度、标志牌安装形式、污染源自动监控仪器名称、状态等。

（4）总量控制器信息：可以添加、删除、修改及查询总量控制器信息。主要包含的信息有 ID、污染源编码、排放口、排口类型、总量控制器绑定、总量控制器序号、访问密码、数据传输方式、生产厂家、状态等。

（5）排放口污染物设置：可以添加、删除、修改及查询排放口污染物设置信息。主要包含的信息有 ID、污染源、排放口、污染物、浓度报警下限、应用样式、浓度报警上限、排放标准、排放标准值、当年/季/月污染物排放量报警值、当年/季/月污染物排放量报警百分比、状态等。

2. 实时数据监控

刷卡排污系统可以对污染物排放进行实时监控，并可根据需求对数据进行各种查询和显示操作。

（1）可以根据企业名称、行政区域、所属行业、所在流域、污染类别、联网情况等组合条件来查询污染物排放实时数据；每个登录账号只能查看自己所属的区域中企业的污染物排放实时数据；可对账号简便灵活地配置权限。

（2）监控企业的污染物实时排放数据。

（3）动态显示污染源的实时监控数据。

（4）具备显示污染源地理位置、企业基本信息和排污状况、预警预判分析等。

（5）显示以下企业排放信息。

①废水企业显示信息：数据内容包含废水实时排放量、COD 实时浓度、氨氮实时浓度、当月允许废水排放量（立方米）、当月允许 COD 排放量（千克）、当月允许氨氮排放量（千克）、当月废水已排放量（立方米）、当月 COD 已排放量（千克）、当月氨氮已排放量（千克）、储存剩余废水排放量（立方米）、储存剩余COD 排放量（千克）、储存剩余氨氮排放量（千克）、当月废水排放比例（%）、当月 COD 排放比例（%）、当月氨氮排放比例（%）、当日废水排放量（立方米）、当日 COD 排放量（千克）、当日氨氮排放量（千克）；

②废气企业显示信息：数据内容包含废气实时排放量、SO_2 实时浓度、SO_2 浓度标准、NO_x实时浓度、NO_x浓度标准、当月允许SO_2排放量（吨）、当月允许NO_x排放量（吨）、当月废气排放量（万立方米）、当月SO_2已排放量（吨）、当月NO_x已排放量（吨）、储存剩余废气排放量（万立方米）、储存剩余SO_2排放量（吨）、储存剩余NO_x排放量（吨）、当月废气排放比例（%）、当月SO_2排放比例（%）、当月NO_x排放比例（%）、当日废气排放量（万立方米）、当日SO_2排放量（千克）、当日NO_x排放量（千克）。

3. 阀门与工况数据监控

除污染物排放数据以外，刷卡排污系统还可以对阀门与工况数据进行监测，具体监测项目根据企业排放污染物类型的不同而有所区别。

（1）废水企业：阀门状态（百分比图示）、总量控制器电源状态、现场报警状态、电表有功功率、电表电流、电表电压及各类处理设施开关量信息等。其中报警阈值还可根据管理需要进行修改。

（2）废气企业：机组负荷、脱硫效率、喷氨流量、浆液循环泵电流、脱硝效率、喷氨阀开度、石灰石浆液体积流量、供浆调节阀开度等信息。

4. 数据分析及报表和图表汇总

刷卡排污系统可以方便地对已有数据进行汇总、分析，生成报表和图表。

（1）日报表：汇总及分析排污日数据的信息，主要包含的信息有时段、时段流量、主要污染因子浓度及排放量、排放总量、剩余总量、报警次数。可以根据污染源、排放口、日期及报表形式（数据或图表）来查询日报表。

（2）月报表：汇总及分析月数据的信息，主要包含的信息有日期、日流量、主要污染因子浓度及排放量、排放总量、剩余总量。可以根据污染源、排放口、日期及报表形式（数据或图表）来查询月报表。

（3）年报表：汇总及分析年数据的信息，主要包含的信息有月份、排放量、主要污染因子浓度及排放量。可以根据污染源、排放口、日期及报表形式（数据或图表）来查询年报表。

（4）数据分析：汇总及分析排放日、月总量信息，主要包含的信息有排放量、主要污染因子浓度及排放量，可以根据污染源、排放口、时间段来查询总量控制分析图。

（5）区域和行业排放量汇总：包括核定量汇总和已排放量汇总，各个分类包含全部企业信息的汇总。可根据区域和行业进行统计，分析和显示比例关系。

5. 参数设置与远程控制

远程设置和控制是刷卡排污系统发挥作用的关键，也是其作为一种创新的自动监管方式的特色所在。

（1）报警临界值设置：系统设置各企业报警信息发送号码及报警限值，当排污总量达到报警限值系统自动发送短信到设置报警信息发送号码。

（2）月关阈值设置：各企业在系统中设置排污流量月关阈值。系统根据当前排污量、月关阈值可预计关阀时间。

（3）远程阀门控制：对各企业的阀门进行阀门控制及提取阀门状态信息，阀门状态按照开或关进行控制。

（4）远程增量开阀：可远程为企业充值，并将充值数据写入充值结果表中，充值成功后如果阀门为关闭状态的则打开阀门，主要包含的信息有污染源、排放口、执行事项、总量控制器序号、充值（吨）、处理状态、处理结果、执行日期等。可以为选定的污染源、排放口执行远程充值操作；可以根据污染源、排放口查询操作记录。

（5）企业总量报警管理，报警类型包含：月度排放超额，年度排放超额，控制器存储余额不足等；工况报警管理，报警类型包含：工况数据超报警上限、工况数据超报警下限、工况数据超量程上限无效、工况数据超量程下限无效等。

7.3.3 刷卡排污管理流程

在管理流程上，刷卡排污系统包含 IC 卡电子证照下发、排放计划制定、刷卡排污结算、总量控制预警等步骤。

（1）下发 IC 卡电子证照

①省排污权交易中心负责制作完成的空白卡片下发到各市、县环保部门。

②市、县环保部门在管理平台上对 IC 卡进行信息录入，设置年度允许排放总量和月度排放最高限值等信息，发放 IC 卡至相关企业。

③环保部门可以根据企业特点，增加设置不同单位时间的最高排放限值。

（2）制定排放计划

①企业用户根据自身生产状况和年度允许排放总量，制定月度排放计划，月度排放量不得超出月度排放最高限值（单位时间内最高排放总量不得超出限值），由平台自动监控。

②企业用户向环保部门申报排放计划，经环保部门同意后生效。

③企业根据自身生产状况，可重新调整排放计划，并对新申报进行修改。

（3）刷卡排污结算

①企业用户持排污许可证 IC 卡，根据每月排放计划在环保部门管理平台进行充值，在总量控制器进行刷卡操作，将 IC 卡中设置的企业主要污染物允许排放总量转储到总量控制器中，转储成功后自动更新 IC 卡中的数值，同时转储操作信息自动发送至管理平台。

②月度排放有余量，可自动返回年度总量；月余量不够的，在年度总量剩余的情况前提下，企业可向环保部门申请增加，但月度排放量不得突破月度最高排放限值；年度总量不够时，可申请排污权租赁；余量有结余的，由企业自愿通过排污权交易平台进行排污权租赁。

③刷卡排污总量以一个自然年为单位进行结算，各级管理平台也可人工设置一个整年度。

（4）总量控制预警

①企业端总量控制器根据年度排放计划监控企业污染物排放，对于已排放量达到允许排放总量80%的企业发送提醒；对于已排放量达到允许排放总量90%的企业发送预警。管理平台可调整设置比例。

②企业排放总量达到100%时，进行相应处理，并将相关信息发送到环境监察部门。

在整个管理流程中，必须对各项数据进行获取、传输、存贮等操作，而数据的有效流转也正是系统得以正常运转的关键。图 7-5 展示了刷卡排污系统的数据流转过程。

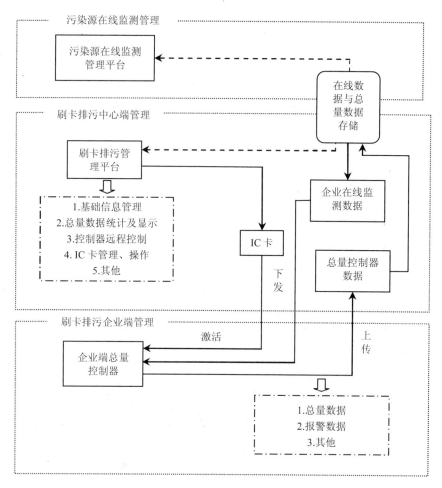

图 7-5 刷卡排污系统数据流转过程

利用刷卡排污管理制度，可以对企业的排污情况进行实时掌控和分析。当企业的废水或污染物排放量达到分配额度时，管理平台就会实施预警、关阀等操作，从而防止企业超量排放。同时，还可以通过对不同时段、不同季节和不同企业的排污情况作定量分析，了解污染源的排放特征。作为污染源管理方式的一大创新，刷卡排污制度大幅地加强了对企业排污总量的管理，是排污许可证制度落实的有效监管工具和手段。

7.4　管理信息平台

排污许可证制度"一证式"管理是对污染源全要素、全过程、全方位的监管，管理当中会涉及到大量的信息处理和交流，传统的信息处理方式难以胜任，利用电子信息技术十分必要。电子信息化管理是推进排污许可证"一证式"改革的重要方面，管理信息平台的构建是有序开展"一证式"管理的基础条件。从事前的审核发证，到事中事后的监督管理，都可以在管理信息平台对各类相关信息进行集中记录、处理、展示，从而提高信息交流效率，降低行政成本，强化监管能力。

7.4.1　管理信息平台总体设计

排污许可证管理信息平台的设计目标是为"一证式"管理提供全面的信息服务。设计时应突出综合性、易用性、稳定性，在考虑各类管理需求的同时，尽量降低使用者的学习成本，并注重平台的平稳运行。此外，还应注重平台的标准化和开放性，便于后期平台功能的调整以及与其他平台的整合衔接。

排污许可证管理信息平台的系统框架可以分为四层：用户界面、管理业务、操作流程、数据库，具体结构如图 7-6 所示。用户界面层主要针对参与环境管理的三方主体构建交互界面：政府、企业和公众。对于不同的用户，管理业务层给出了不同的业务内容：政府包括了证件管理、监督检查、报告稽查、执法处罚等；企业包括了企业注册、许可申请、变动申报、执行报告等；公众包括了信息公开、社会监督、公众意见、奖励机制等。操作流程则定义了操作时的具体流程，一个完整的流程包括信息输入、数据校核、审批、信息公示、数据更新等步骤，但视情况不同，有的操作可能只包含其中的一个或几个步骤。数据库存储了管理信息平台当中的所有数据，可以选用 SQL Sever、Oracle 等数据库系统进行数据处理。

7.4.2　管理信息平台主要内容

排污许可证管理信息平台应当包括政府用户管理、企业用户管理、公众用户管理、证件管理、信息管理、信息查询等功能内容。

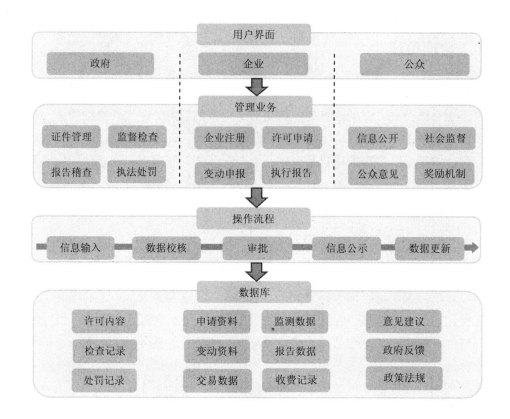

图 7-6　排污许可证管理信息平台系统框架

（1）政府用户管理

根据环境保护主管部门内部管理内容的差别，设置不同权限的用户角色供不同管理人员登录和操作。主要包括用户权限管理、机构岗位角色管理、角色配置管理等功能。

（2）企业用户管理

对排污单位的用户身份进行管理。主要包括企业用户注册和企业用户审核两方面内容。

（3）公众用户管理

对社会公众的用户身份进行管理，主要包括公众用户注册等内容。

（4）排污许可证证件管理

排污许可证的申请、审核、变更、重新申领、延续、吊销、注销等许可流程的操作和管理功能。

（5）排污许可证信息管理

包括建设项目管理、总量控制和交易管理、污染物产生及治理、主要产品及生产消耗、环境监测管理、环境监察管理等功能。这一部分基本涵盖了排污许可日常管理的各类信息，信息的提供者包括排污单位、环保部门和社会公众。

（6）排污许可证信息查询

实现排污许可证的纸质版和电子版查询，并可以对排污许可证相关信息进行统计，提供各类报表和图形展示。

7.4.3 平台衔接整合

由于历史发展原因，当前环境管理中已经存在着诸多的电子化管理平台，分别服务于不同的污染源环境管理制度，承担着不同的功能和任务。随着排污许可证制度改革的开展，各项环境管理制度与排污许可证制度得到了有机整合，污染源监管不再多头管理、数出多门。因而，原有的各类平台也必然需要与排污许可证管理信息平台进行衔接整合，防止数据重复输入，提升管理效率。

从管理内容上而言，当前的电子化管理平台包括以下几大类：环评和"三同时"管理平台、监察执法管理平台、总量控制管理平台、信息公开管理平台、环保信用管理平台等（图 7-7）。这些平台系统很大程度上与排污许可证管理信息平台存在着功能重复和信息重叠。平台衔接整合的方法主要有两种：一是保留原有的平台系统继续使用，但在数据上实现平台间的共通共享，在原有平台输入相关数据，就可以在排污许可证管理信息平台上进行查阅和使用；二是进一步扩充排污许可证管理信息平台，使其能覆盖原有各个平台的功能，实现一个管理信息平台对整个污染源环境管理体系的支撑。后一种方式更符合排污许可证"一证式"管理思路，同时在平台的操作和维护等方面效率更高、成本更低，但考虑到在排污许可证制度改革初期，直接摒弃原有平台难度较大，因此可以采用一种过渡的方式，首先实现不同平台的数据共享，在此基础上逐步调整增加排污许可证管理信息平台的功能，最终实现以一个平台替代原有复杂的平台体系。

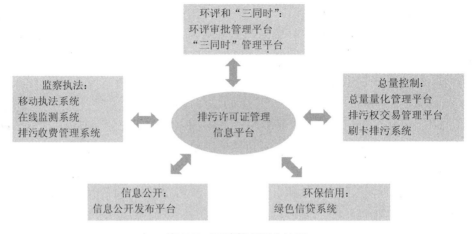

图 7-7 环境管理平台体系

参考文献

[1] 肖明卫，黄嵘，仵彦卿. 燃煤电厂烟气脱硫设施出口二氧化硫排放量核算方法比较[J]. 环境研究与监测，2010，23（3）：14-15，33.

[2] 胡瑞，张学伟. 环境统计中污染物产生量排放量核算方法的探讨[J]. 科技视界，2012（34）：91，115.

[3] 徐沛，周凤，孙军. 浅析污染物排放量的计算方法[J]. 云南环境科学，2005（SI）：211-212.

[4] 李贵林，路学军，陈程. 物料衡算法在工业源污染物排放量核算中的应用探讨[J]. 淮海工学院学报（自然科学版），2012，21（4）：66-69.

[5] 周树勋. 排污权核定及案例[M]. 杭州：浙江人民出版社，2014.

[6] 董广霞，周冏，王军霞，等. 工业污染源核算方法探讨[J]. 环境保护，2013（12）：57-59.

[7] 唐桂刚，陈敏敏，秦承华，等. 工业企业水污染物排放总量计算方法比较研究[J]. 中国环境监测，2011，27（SI）：59-62.

第 8 章

排污许可证制度改革实践探索

本章主要以浙江省推进"一证式"排污许可证制度改革为实例,详细介绍改革实践探索的主要做法、经验及问题等,并结合理论研究及实践情况,提出排污许可证制度的立法思路及草案建议。

8.1 浙江省排污许可证改革试点实践

为贯彻中央深化生态文明体制改革的总体要求,浙江省大力推进排污许可证制度改革,将其作为 2014 年省委生态文明体制改革的重点突破任务。2015 年 4 月,浙江省被列为首个国家层面排污许可证管理制度改革试点(环办函〔2015〕494 号),同期下发《关于开展浙江省排污许可证制度改革试点工作的通知》(浙环函〔2015〕100 号),正式启动全省 3 市 5 县试点工作。改革围绕国家试点批复内容及总体方案要求,重点在简化流程、整合制度、加强监管等方面积极探索推进,下文将对此进行具体介绍。

8.1.1 排污许可证改革总体情况

浙江省排污许可证制度改革于 2014 年启动筹备,围绕优化排污许可证制度、促进提升环境管理水平的总体目标,由浙江省环保厅成立了以厅主要领导为总牵头的改革工作小组,凝聚了厅各职能处室、省环科院、省排污权交易中心等直属部门以及各市县环保局的综合力量,详细制定排污许可证制度改革工作计划,以课题研究阶段、改革方案制定阶段、试点探索推进阶段为主要步骤,循序渐进、积极稳妥地推进整项改革工作。

试点探索启动的同时,浙江省环保厅建立了排污许可证制度改革试点服务联系制度,将对试点地区的改革指导落实至环保厅各职能处室,以一对一的形式与各试点地区共同研究制定试点改革工作方案，方案经浙江省环保厅复函同意后陆续以试点地区人民政府的名义进行印发实施。浙江省环保厅对八个试点方案的批复中提出，不同试点应当在试点推进过程中，将排污许可证制度改革与其他改革事项充分衔接，如义乌的国贸改革、海宁的要素市场化配置改革，以及环评审批制度改革、排污申报和收费制度改革等。要求试点地区结合各自重点突破的方向，制定出台配套政策文件，并根据排污许可证制度改革的需要对环保部门内设机构进行调整，全方位、多渠道地探索以排污许可证制度为核心，全面优化环境管理体系的试点实践。与此同时，浙江省环保厅还将试点工作列入试点地区年度"一票否决"的考核内容，要求各试点地区高度重视改革工作，作为当地经济社会发展改革重点大力推进。省级层面对试点提出的改革要求重点概要见表 8-1。

表 8-1　浙江省八个试点市县排污许可制度改革要求重点概要

试点地区	改革要求侧重点
绍兴市	落实"1+9"基本账户制度、建立排污许可证计分标准、建设和应用排污许可证动态管理平台等
舟山市	在整合管理内容、优化管理流程、落实主体责任、强化信息公开等方面力求突破
台州市	简化行政许可程序，强化事中事后监管，规范排污行为，推进环境质量全面改善
桐庐县	在整合环评审批制度、规范排污许可证申领、受理及核发程序上有所创新
长兴县	研究制定排污许可证发放的负面清单和企业的责任清单，强化排污单位污染防治主体责任，规范企业环境行为
海宁市	结合海宁市要素市场化配置综合配套改革的实际，大力推进试点工作，在综合管理内容、整合管理制度、再造管理流程、总量管理执法等方面力求突破。要规范排污许可证管理，研究制定排污许可证监管方式、执法规范等关键技术，建立并完善排污许可证管理平台，实现排污许可证全过程的信息化操作和动态管理
义乌市	在综合管理内容、整合管理制度、再造管理流程、总量管理执法等方面力求突破，要建立并完善排污许可证管理平台，实现排污许可证全过程的信息化操作和动态管理
椒江区	在制度整合、流程再造、机构重组、企业承诺、年度报告、科技监管、信息公开等方面取得实效，作出示范

为确保改革试点的深入推进，在省级层面上也积极推进了环境管理制度创新，强化制度供给。一是在落实政府环保主体责任上，建立主要污染物财政收费和排污权基本账户制度，强化区域对主要污染物排放总量的控制。二是在落实企业治污责任上，建立企业刷卡排污和建设项目总量准入制度。浙江省是刷卡排污制度

推进最快的省份，截至 2015 年，已经建成 2 018 套刷卡排污系统，省控以上污染源实现全覆盖。三是在推进行业转型升级上，建立主要污染物总量激励制度，对重污染行业开展以吨排污权税收贡献的"三三制"评价排序和考核，严格落实差别化减排激励约束政策，推动产业转型升级。四是在环境资源配置上，以排污许可证作为排污权确权载体，深化排污权交易，截至 2015 年，浙江省累计排污权有偿使用和交易金额达 50.65 亿元，排污权抵押贷款 145.07 亿元。五是在统一规范上，浙江省省级层面正在建设全省统一的污染源管理平台并针对各市县开展培训，力图将污染源信息纳入统一管理；环保厅印发了统一的排污许可证文本，制定了统一的排污许可证编号，初步制定了证照管理规范。

落实到具体各市、县，各地初步建立了污染源"一证式"管理模式，并形成各有特色的推进路径。

绍兴市重点在排污许可证管理平台等工作上进行探索示范，委托清华大学清控人居环境研究院设计开发了排污许可证信息化平台，即"绍兴市环保局排污许可证管理系统"，以排污许可证信息化管理为基础有效落实"1+9"基本账户制度。实施以排污许可证登载的方式替代环评批文，取消环评审批中应由政府其他部门把关的事项及以环评审批为前置的事项，实行与环评审批制度改革相配套的"三同时"分类管理方式，拟取消建设项目试生产验收环节，实施竣工备案。建立排污许可证计分制度，以排污许可证作为记分载体，对现场监察和监管执法中发现的轻微违法行为实施计分制管理。

舟山市重点在整合管理内容、优化管理流程、落实主体责任等方面力求突破，以择少作精为原则，选择有总量控制要求、环评审批要求的项目作为试点对象，在环保部门内部实行联合审议和签批的形式，实行排污许可证执行情况定期报告和重大变动信息动态报告，统一执行报告大纲和格式规范，如建设期报告内容主要为"三同时"落实情况；运营期报告内容主要为排污许可证制度执行情况报告，重大变动信息动态报告。

台州市重点在简化行政许可程序，强化事中事后监管等方面进行探索实践。台州市研究调整了现有内设管理机构及职责，成立专门办公室，重构办事流程，研究解决排污许可证监管方式、执法规范等关键环节。实施环评改革，对各类建设项目环评审批分别设置了"豁免、备案、简化、认可、补办、下放"六个一批，直接由业主根据环保设施竣工验收的要求，委托进行验收监测后自行组织环保设施验收，并向环保部门提交执行报告，并对限期治理企业实行排污许可证的暂扣、吊销等措施。

桐庐县重点在规范排污许可证核发、整合环评审批制度、落实各方主体责任等方面有所创新。实行环评机构对环评结论负责并签订《环评中介机构承诺书》，企业承诺严格落实环评提出的污染防治措施、遵守环保法律法规、污染物排放符合浓度和总量控制要求，并签订《桐庐县建设项目环保承诺书》，以排污许可证年度报告确认的排污量作为排污收费的依据。对环评审批执行环评备案、环评发证、准入备案三类模式，其中环评发证模式企业列入许可证发证管理，并完成市控以上企业刷卡排污系统建设和运行，实施了"一企一证一卡"，环境监察大队建立专门的"一证式"管理信息库。

长兴县重点在研究制定排污许可证发放的负面清单和企业的责任清单，强化排污单位污染防治主体责任，规范企业环境行为等方面进行探索实践。在建设项目环评审批上，只要项目符合生态功能区划要求、不在负面清单之列，并已取得排污权，就直接以发放许可证的形式替代原环评批复；在环保"三同时"竣工验收上，由原环保部门组织开展的形式转变为企业自行组织并提供"三同时"执行报告的形式。新证正式核发前，组织开展对相关人员的指导培训，同时做好宣传工作，让企业广泛知晓排污许可证改革带来的变化，制定长兴县《企业环保履职清单和环保守法承诺书》。同时加强证后监管，实行排污许可证年度计分制，细化量化具体环保管理工作。

海宁市重点在综合管理内容、整合管理制度、再造管理流程、总量管理执法等方面力求突破。在环评审批、竣工备案、许可证申请等方面全面实行承诺制，强化宣教，在环评备案、发放排污许可证的同时，对企业负责人开展30分钟到1个小时不等的环保知识教育，发放《企业须知》手册。实行建设项目环保"三同时"竣工备案，企业在项目环保"三同时"竣工后可自行向市环保局提出备案申请，海宁市环保局进行形式审查后进行备案。海宁市环保局委托太原罗克佳华工业有限公司开发建设海宁市环境保护综合信息化建设项目，第一期开发建设主要为环评审批、排污许可证管理、行政处罚、"三同时"管理和固废管理等系统。

义乌市重点在整合管理制度、简化审批流程、强化信息公开、优化许可证监管等方面进行探索，并以排污许可证制度改革为契机，对54家"两违"企业进行全面整改。实施环评分类管理制，同步实施环评文件审批备案及排污许可证申领，取消非环保前置，做好环境功能区、总控指标和行业环保准入等方面的把关。区别制定监察执法和监督性监测计划，A证排污单位以环保部门监管为主，B证排污单位以镇街属地和主管部门行业监管网格化管理为主。强化企业环保主体责任，企业在申领排污许可证时要求签署书面承诺，并确定专（兼）职环保人员，委托中介机构对其提供培训服务，按照排污许可证要求开展环保工作。同时加强对第三方机构的监督管理，对进入义乌市开展业务的环保中介机构由环保产业协会备案，组织中介机构开展"一证式"宣传培训，建立环保中介机构诚信承诺机制、考核淘汰机制。

椒江区重点在明确并落实各方职责、优化执法监管等方面进行探索示范。突出企业主体责任，实行业主承诺制，项目立项后由环保管理部门负责出具对该项目审批的各标准要求（含技术要求、负面清单），并一次性告知业主，业主（法定代表人）以书面的形式做出达标承诺，由业主自行承担违反承诺的法律后果；由企业在环保设施竣工后组织对环保设施的运行情况进行评估验收，向环保部门提交环境保护执行报告，并在项目生产期间提交环境保护年度执行报告。强化中介机构的监管，出台了《椒江区环保第三方机构管理办法（试行）》（椒环保〔2015〕81号）文件。提升科技监管水平，组建集自动监测、刷卡排污、总量管理、环境统计、移动执法、视频监控为一体的"环保天眼"管理系统，将多套分散的环保业务数据进行有机融合；建立了街道、镇环保监察中队，以工业企业较多或环境信访投诉较多的行政村（社区）为单元，网格聘任了169村居环境监督员；对59个区控以上重点污染源实行第三方监督，形成环保部门牵头，重点污染源企业和专业化监理单位参与的科学运作网络。

8.1.2　排污许可证改革具体做法

目前浙江省排污许可制度改革具体做法，主要从制度整合与流程再造、构建多方共管的监管体系，以及信息集成建设三个方面进行。

1. 制度整合与流程再造评估

在制度整合方面，浙江省力图以排污许可证为污染源管理的核心和主线，整合现有污染源管理制度，重构污染源管理流程，使排污许可证成为已有制度的整合平台，实现排污许可证"一证式"管理模式下的流程简化。通过排污许可证"一证"完成环境管理体系内部整合，实现排污单位在建设、生产、关闭等生命周期不同阶段的全过程管理，以"一证对外"降低执法和守法成本。

（1）扩大管理范围

试点在只针对水、气污染物的原有排污许可证制度基础上增加了登载事项，为实现废水、废气、噪声、固废排放综合管理，"一证式"实现污染源全要素管控奠定基础。同时，试点地区力图将现有各项环境管理制度中对排污单位的环境管理要求，集中通过排污许可证体现，以排污许可证为载体实现对排污单位环境行为的综合、系统、全面的统一管理。希望针对企业生命周期的各个阶段，都明确排污单位的各项环境行为规范，确保建设期、生产运营期的环境影响可控，停产关闭期的环境得以恢复。

试点中，义乌市重点推进与固废管理制度的衔接，制定了《义乌市排污许可证"一证式"管理固体废物监管办法（试行）》，明确了产废单位责任和环保部门职责。在此基础上，注重督促环评单位加强固废污染环节分析，对年产生危险废物 1 吨以上项目，固废中心参与会审，并在排污许可证上体现相关管理要求；将城乡固废、垃圾等环保基础设施与危废收集单位纳入重污染行业分类，年产危险废物 50 t 以上的工业排污单位确定为重点排污单位进行管理；将危废管理计划、固废台账统计报表等纳入排污许可证管理平台，使固废管理平台和移动执法有机结合；根据发证范围、监管方式对固废管理实行按总量分级管控，年产危险废物 10 t 以上排污单位确定为重点企业，实行重点管理。

（2）简化许可程序

试点工作要求各地区有机衔接排污许可证制度和环境影响评价制度、"三同时"制度，理顺制度关系，取消冗余环节，简化许可程序，将环评验收、许可证核发、环保设施竣工验收等多道许可化为一道，提升管理绩效。

在环评制度衔接上，试点地区重点突破排污许可证核发环节，前移至与环评文件批复/备案同步，并以环境影响评价作为排污许可证核发的主要依据，环评内容作为排污许可证中管理要求的重要来源。依据建设项目性质不同，开展环评分类管理，细化排污许可证核发形式。桐庐县结合环评审批制度改革，制定《桐庐县建设项目环评审批清单》，在排污许可证发放环节形成"环评备案、环评发证、准入备案"三类模式，审批清单外项目实施环评备案并同步核发排污许可证。绍兴市编制了《绍兴市试行排污许可证"一证式"管理》（送审稿），在满足规划环评要求的大前提下，将实行"豁免一批、登记一批、备案一批"的环评审批制度改革，进一步扩大环评豁免范围，部分技改项目仅要求登记，并对工业类项目分类实施环评备案制，将排污许可证核发与环评文件备案同步，以排污许可证登载的方式替代环评批文。

在"三同时"制度衔接上，试点地区将建设项目"三同时"要求纳入排污许可证监管，项目竣工后取消由环保部门开展的环境保护设施竣工验收，而由企业自行组织验收或实施竣工备案。海宁市出台了《海宁市建设项目环保"三同时"监管办法》，项目建设期间由企业自行执行"三同时"管理并定期申报，环保部门着重开展动态监管，项目竣工后由企业自行申请环境保护设施竣工备案。椒江区充分重视第三方力量，企业可根据排污许可证载明的环保设施"三同时"要求，在项目建成后自行委托有资质的检测机构开展环保设施竣工检测，对环保设施的运行情况进行评估验收，并向环保部门提交环境保护执行报告。

（3）规范排污监管

试点地区力图打通排污许可证制度和总量控制制度、排污申报和收费制度、排污权有偿使用和交易制度等多项固定源管理制度之间的关系，以排污许可证为核心和载体，归一各种来源的排污数据，构建许可排放量、实际排放量两套基本数据，并以此开展日常监管，解决目前多头管理、数出多门的问题。在具体做法上，将区域总量控制指标通过排污许可证分解落实到排污单位，许可证中的许可排污量是区域总量控制政策的具体体现，区域排污单位许可排污量总和不能突破该区域总量控制目标；将排污权有偿使用和交易作为排污单位获取排污总量指标的途径，排污许可证作为排污权确权的依据；排污申报和排污收费所需的企业污染物排放相关信息，可以从排污许可证的登载信息和日常管理中获取，避免重复申报，以排污许可证年度实际排污量核定作为排污收费依据。由此，"一证式"管理的排污许可证能够理顺现行的环境管理制度，避免管理交叉，提高管理效率。

随着浙江省排污权有偿使用和交易试点的推进，各试点已经纷纷开展完成排污权确权工作，明确许可排污量。舟山市已分批完成了全市 400 余家现有排污单位的排污权指标核定，且将排污许可证的许可排污量与排污权有偿使用和交易情况完全挂钩。同时，排污申报也与企业的自行报告高度融合。例如，义乌市要求重污染行业企业半年上报一次执行报告，非重污染行业实行年报，将排污申报内容列入执行报告中，提供在线监控设施数据、运行台账等资料，环保部门根据排污单位的排污申报情况征收排污费，并定期对执行报告中的排污申报情况开展稽查。

2. 监管体系建设评估

（1）落实企业主体责任

企业是污染排放行为的实施者，对于保护环境不受自身排污行为的损害具有不可推卸的责任和义务。在落实企业主体责任方面，绍兴市颁布了《关于进一步明确企业环境保护主体责任的通知》，根据相关法律法规，对排污企业主要应承担的环境保护主体责任进行了明确，包括依法采取措施防止污染、遵守环评和"三同时"要求、规范排污方式、建立环境保护责任制度、公开排污信息、防范环境风险等 12 个方面。对于排污许可证制度来说，在企业落实环保主体责任上还有着更为明确的制度设计。在排污许可证核发方面，实施企业环保责任承诺制，由企业对自身行为的合规性、相关权责的知晓性做出承诺，并将书面承诺作为核发排污许可证的重要依据。椒江区要求建设项目立项后，由环保部门负责出具对该项目审批的各标准要求（含技术要求、负面清单），并一次性告知企业，企业以书面的形式做出达标承诺，项目建成后如若达不到环保标准，自行承担违反承诺的法律后果。义乌市要求企业在申领排污许可证时要求签署书面承诺，领证后确定专（兼）职环保人员，委托中介机构提供培训服务，按照排污许可证要求开展环保工作。

在排污许可证日常监管方面，试点地区要求实施企业自我管制机制，在排污许可证中明确企业自我监测、自我记录和自我报告要求，推行强制性自我管制及相应刺激政策，企业通过建立监测、记录和报告方案证明其行为合乎许可证规范，并对报告的及时性和真实性负责。台州市出台了《关于进一步深入推进台州市重点排污企业自行监测工作的意见》，要求县控以上重点污染源开展自行监测，明确企业自行监测可采用自动监测、委托社会监测机构手工监测或两者相结合的技术手段，并结合抽查制度提出建立企业自行监测工作考核评价体系，企业自行监测工作进行信用评级，信用等级较高的可以在一定时段内免于抽查，信用等级较低的重污染企业进行 100%抽查。绍兴市要求企业在不同阶段向环保部门报送许可证执行情况报告和重大变动信息动态报告，把排污许可证作为排污单位环境信誉的展示和记录窗口，实施企业相关诚信档案的全公开，并将这些信息应用于银行征信等系统，从而提高企业的违法成本。海宁市提出由企业开展交叉检查的全民参与思路，提升市民的积极性与企业的积极性，提高监管能力，降低监管成本。同时提出实施排污许可年度积分制，设定企业排污许可证分值，对企业进行积分管理，积分参照驾驶证积分管理规则。海宁市环保局根据企业排污许可制度落实情况和日常环境治理情况进行实时评定，发现企业存在环境违法违规行为的，实施行政处罚的同时实施排污许可证扣分，并记录扣分依据，每年根据扣分情况分别采取整改、停产等不同措施，分值扣完可暂扣或吊销许可证。

（2）整合政府公共管理职能

试点工作的一大目的，是充分简政放权，突出政府在规则制定、民主决策、引导参与、执法稽查上的作用，强化与整合政府的公共管理职能。

在制度建设方面，试点地区注重排污许可证"一证式"管理模式的方案细化，从多个角度制定配套政策，优化改革设计，稳定改革实施。海宁市制定了排污许可证总体改革方案和环评审批、"三同时"监管、长效监管办法等 7 份配套改革文件；义乌市制定了《义乌市排污许可证"一证式"管理办法》等 17 项配套政策。在部门职责划分方面，理顺环保部门和其他负有环保监管职责部门之间的关系，避免职责不清，多部门交叉管理。绍兴市撤销规划、土地、水保等 7 项环评审核前置门槛，桐庐县也对选址符合环境功能区划的，国土、规划、林业、农业等部门对项目选址的意见等不作为环评受理前置条件，从而降低企业开展环境影响评价的成本和负担，厘清环保部门的监管职责。

在环保部门内设机构调整方面，各试点地区环保部门结合本地实际，梳理内部管理职能，调整内设机构，将有关行政许可和排污许可证管理的职能统一归口到一个处/科室，实现"一窗口"对外，"一站式"服务。椒江区、义乌市、长兴县等环保局经过编委办批准，进一步整合了内设机构，单独设立了行政许可科，牵头"一证式"改革和排污许可证核发管理工作。在执法稽查方面，突出排污许可证在环境监管中的刚性约束，通过排污许可证对排污单位依法管制，对违反许可证规定的行为依法查处，督促企业遵守排污许可证管理要求。海宁市出台了《关于全面实施环境监管网格化管理的通知》，以各镇、街道、开发区为单位建立一级网格，以市环保局各分局为单位建立二级网格，开展环境监管网格化管理，加强监管力量。长兴县、绍兴市实行排污许可证计分制，对现场监察和监管执法中发现的轻微违法行为实施计分管理，细化量化具体环保监管工作。椒江区制定了《2015 年椒江区重点污染源第三方监督工作实施方案》，由环保部门委托第三方监督单位开展污染源监督，监督结果对环保部门负责。

（3）构建公众参与机制

试点地区内，排污许可证的各类管理信息公开、公示，建立畅通的公众监督渠道及信息响应机制，接受广泛的社会公众监督。椒江区发挥网络优势，充分拓展环境信息公开途径，规范信息公开内容，除需依法公开的内容外，企业的承诺、年度执行报告，对中介服务承诺、年度考核情况也被纳入公开范围，接受群众监督。海宁市积极畅通环保举报热线、网络平台和有奖举报制度，开通了微博举报平台，拓展环境违法线索获取渠道，同时对环境质量、总量控制、行政审批、环境监察等内容都实行信息公开。义乌市在环保局门户网站上增设"一证式"信息公开栏，将审批许可、发证、"一证式"相关管理制度等在同一个栏目中公开，使公众对排污单位的环保监督更加全面。绍兴市在排污许可证管理平台专设公众界面，形成排污许可证的公众专用网络接口。

（4）规范第三方市场

试点地区初步开始扶植、建设和完善第三方机构市场，规范第三方从业行为，在充分利用第三方机构力量的基础上，明确第三方责任和义务。椒江区出台了《椒江区环保第三方机构监督管理办法（试行）》，对环境影响评价机构、环境监理机构、环境检测机构的准入资格、业务标准、考核机制进行了规定，要求第三方机构的报告编制必须客观、公开、公正，明确排污许可证相关报告质量由第三方机构负责。义乌市对开展业务的环保中介机构由环保产业协会备案，目前有 14 家环评、10 家检测和 16 家固废处置机构已申请备案，同时组织中介机构开展"一证式"宣传培训，建立环保中介机构诚信承诺机制、考核淘汰机制，对考核排名落后的单位列入黑名单。海宁市要求企业参加环境污染责任保险，由企业支付保险费用，由保险公司对风险情况进行摸排与约束。保险公司在一定程度上起到了管理环境风险源，排查环境风险的功能，不仅能够加强企业管理，增强企业风险防范意识，还能够为企业提供风险体检，提高企业参与环境管理的积极性。目前海宁市已经有 120 余家企业参与了保险，保费超过 1 亿元。

3. 信息集成评估

试点要求要推进信息化、自动化、网络化管理，强化科技监管能力，建设综合信息管理系统和管理平台，通过建立污染源电子档案，将各类信息统一管理和处理，充分发挥排污许可证对污染源的核心监管作用，实现"一企一证一卡"综合管制。

（1）加强科技监管

试点地区利用先进科技手段，积极创新管理手段，实现自动化、智能化的高效监管系统。实行刷卡排污，对企业的污染物排放进行实时监控，并对排污量到达分配额度的企业实施预警、远程关停等措施，确保企业在许可排放量范围内排污，落实总量管控。在刷卡排污基础上，可以进一步集成其他监管方式，推行全方位的科技监管系统。椒江区组建集自动监测、刷卡排污、总量管理、环境统计、移动执法、视频监控为一体的"环保天眼"管理系统，将多套分散的环保业务进行有机融合，构建起完整的执法监管链条。目前，椒江区已有 50 余家重点涉污企业被"环保天眼"24 小时全方位监控，涵盖医药化工、印染、电镀及塑料造粒等多个行业，监管水平得到大幅提升。

（2）搭建管理平台

试点地区建设了电子化的排污许可证管理平台，将排污许可证正副本内容和企业生产、治污、自行监测、排污权交易以及环保日常监管情况等纳入管理平台。试点地区力图以管理平台为依托，连接贯通环保部门内部不同处室、上下不同层级，形成统一的对企业、对公众窗口；以处室贯通促进制度整合，将现行分散的各项环境政策的相关数据合为一套；以上下贯通消除信息不对称，强化上下级信息互通；以统一的对企业窗口服务企业监管，方便企业自主申报；以统一的对公众窗口推进信息公开，提升公众参与水平。

试点过程中，绍兴市依托正在同步开展的生态环保"大数据"和"智慧环保"试点工程，设计开发了"绍兴市环保局排污许可证管理系统"，着重突出了以下几方面特点：在管理周期上，平台串联业务办理的全过程，并通过日常管理进行动态更新，将企业各个阶段的信息全部反映到统一平台中，合并以往多套数据；在使用对象上，平台面向政府、企业、公众三方，以此划清企业主体责任与环保部门责任界限；在框架设计上，平台按事项归类，可满足不同地区环保部门内部职责分工差异的需要。

此外，在浙江省省级层面上，以排污许可管理平台为核心，目前正在推动建设排污权基本账户、刷卡排污、排污许可证管理、排污权有偿使用和交易、总量准入"五合一"环保信息化管理平台，以期全面实施"一企一证一卡"，实现对区域、行业、企业的精细化、定量化、信息化综合管理。

8.1.3 改革的初步成效与经验

目前，浙江省排污许可证制度改革工作还刚刚开始，大部分改革举措还仅限于纸面文件，且在改革过程中可能遇到诸多现实问题以及来自各方的阻力。因此，浙江省排污许可证改革的成效还主要体现在管理效能的改进以及对企业精细化管理水平的提高方面。改革对企业监管的实际效果，以及对环境质量改善的情况，尚需要等待时间检验。

（1）初步成效

管理效能得到提高。通过制度整合和流程简化，建立起以排污许可证制度为核心的管理体系，简化事前许可，强化事中事后监管。一方面打通了各项污染源管理制度，形成制度合力，以排污许可整合多项许可程序，以排污许可证管理统一许可总量和实际排放量，减少审批许可时间，避免重复管理和"数出多门"，同时也减少了管理部门的寻租空间，降低了管理人员的廉政风险。另一方面通过调整环保部门内设机构，加强排污许可证"一证"监管作用，实现"一窗口"对外，"一站式"服务，"一证式"许可，降低监管成本，提高管理效能。通过改革，绍兴市取消了 3 项流程，建设项目审批备案时间不超过 30 天，比原来至少 2 个月时间缩短了 50%以上。海宁市对符合"零土地"技改的和工业园区内的轻污染项目实行登记备案制，做到立等可取；对其他项目进一步精简手续，在原来 7 天内完成行政许可的基础上再缩短了 50%以上的时间。

企业主体责任得到强化。企业作为污染行为的实施者，具有保护环境不受其损害的责任，应积极采取合理有效的环境保护措施，并举证自身排污行为合法合规。排污许可证制度改革通过实施企业环保责任承诺制和自我管制机制，明确企业自身的环境保护责任和自我监测、自我记录、自我报告的义务，一方面大幅减轻政府监管压力，解决污染者和管理者信息不对称的问题，另一方面有助于推动企业履行自身环保义务，落实企业的环境保护主体责任。

精细化管理水平得到提升。排污许可证管理的关键是对污染源信息的管理，通过刷卡排污系统等科技监管手段的实行、排污许可证管理平台的建设、"一企一证一卡"管理方式的推行，有助于实现污染源信息的全面、综合、高效的管理，充分提升精细化管理水平，为制度整合、流程简化、政府执法、企业申报、公众监督提供实施基础。依托信息的实时交互，管理方式从末端考核转变为全过程监管，及时快速地识别和纠正污染源的各类违法违规行为，从源头上减少重大环境污染事故的发生，以高度的精细化管理全面提高监管质量。

（2）改革经验

围绕"管什么"，实行边界清晰的全要素全过程"一证对外"管理。试点实施过程中，始终坚持"一证对外"的管理思想，将排污许可证制度作为污染源管理的核心和主线，定位为政府环境监管的执法依据、企业环境行为的守法文书、公众环境监督的参与平台；在管理要素上实现废水、废气、噪声、固废排放的综合管理，在管理过程上实现项目建设、生产、关闭期的全过程管理，在管理环节上实现有机整合环境影响评价、"三同时"、总量控制、排污申报和收费、排污权有偿使用和交易等制度，简化许可程序和流程的高效管理。明确环保部门的监管职责范围，理顺环保部门和其他职能部门之间的关系，撤销土地、水保等环评审核前置门槛，避免多部门交叉管理。

围绕"管得住"，构建企业自我报告、政府监管稽查、公众监督的事中事后多元共管体系。"一证式"排污许可证制度的核心在于监管高效有力，改革要求全面加强事中事后监管，突出排污许可证在环境监管中的刚性约束。以转变政府职能、提高管理能效为目标，切实改变政府以往单方治管的模式，明确政府的监管职能、企业的治污主体责任、第三方市场服务支撑，形成多元共治的整体效力。明晰各方责任，强调企业诚信责任和守法主体责任，在排污许可证制度核发阶段实施企业环保责任承诺制，在排污许可证日常监管方面实施企业自我监测、报告等管制机制，推动企业从被动治理转向主动防范。结合当前环境监管能力建设，全面实施网格化环境监管，同时提出在企业报告制基础上实施排污许可证稽查，严格环境执法。同时，进一步加大排污许可证的各类信息公开、公示，充分发挥广大公众的监督力量，依托畅通的公众监督渠道及信息响应机制，加大企业环保守法的监管力量。充分培育和规范第三方技术支撑单位的运行，实施第三方技术单位的准入资格管理，严格并提升业务标准要求，实施考核淘汰机制。创新管理模式，提出了企业信用评级、排污许可证评分、企业环境责任保险、企业参与交叉检查、第三方守法文书编制等创新思路，突出企业主体责任。

围绕"管得精"，创新推进市场化配置及智能化管理。为推进排污许可证的精细化管理，积极推进总量控制制度创新，深入推进排污权有偿使用和交易试点，并将排污许可证作为落实排污权的有效载体，积极探索环境资源市场优化配置；在浙江省全省范围内建立了区域排污权基本账户制度，强化污染减排刚性约束。依托信息化、自动化技术建立在线监测、刷卡排污等高效监管系统，实施"一企一证一卡"管理模式，有效集成和运用污染源信息大数据，建立统一的管理平台，综合纳入排污许可证正副本内容和企业生产、治污、自行监测、排污权交易以及环保日常监管等信息，实现实时动态管控，进一步提升管理效率和水平。

8.1.4 面临的主要问题与困难

（1）法制保障不足，缺乏刚性执法依据

上位法律问题依然是开展试点工作难以逾越的障碍。虽然《环境保护法》《水污染防治法》《大气污染防治法》等国家法律法规中对于实施排污许可证制度均有提及，但多属于原则性规定，不具备可操作性。目前国家也尚未出台排污许可证管理的专项法律与实施方案，排污许可证的法律地位依然不够清晰，在制度执行中缺乏权威性，尤其缺少对拒不领证、逾期拒不改正行为的制约措施，导致环保部门对这些环境违法行为难以实施监管和处罚。

另外，确立并提升企业环境主体责任意识是本次排污许可证制度改革的重要内容和发展目标，目前排污许可证制度改革中明列了对于许可证管理的若干规定，要求企业持证排污、按证排污、自我管制、自我报告等，但由于缺少相应的法律依据，若企业未按照要求履行职责，环保部门在实际执法监管中也缺乏行之有效的惩罚措施，致使企业主对于排污许可证的敬畏程度较低，不利于树立其环保主体责任意识。且排污许可证制度法制保障的欠缺，对于树立排污许可证制度在环境管理中的核心地位、实现排污许可证"一证对外"也十分不利。

（2）制度整合存在现实障碍，存在潜在改革风险

环境保护部在对将浙江省列为国家层面排污许可证管理制度改革试点的复函文件中明确，要"有效衔接和整合环境影响评价审批、'三同时'验收、总量控制、排污申报、排污权交易等制度，通过排污许可证强化对排污单位的'一证式'管理和生命周期全过程的监管"。但在试点实践中，由于环境影响评价、"三同时"验收等均有《环境影响评价法》《建设项目环境保护管理条例》等上位法的支撑，改革设计中的制度整合环节对于环评实行单一的审批制、环境保护设施竣工验收作为一项行政许可等方面的法律规定均有所突破。且排污许可证制度虽实行多年，但由于法律地位的不清晰，在改革之前基本处于主流环境管理制度之外的尴尬境地，现行的法律规章也没有明确排污许可证制度与其他环境管理制度间的法律层级关系，导致排污许可证制度与其他环境管理制度的整合往往形式大于内容。尤其在当前强调依法行政的大背景下，改革对于法制性的突破存在一定潜在风险，要真正实现以排污许可证制度为核心的环境管理各项制度的有机整合，目前尚存在现实阻碍。

（3）国家配套政策和技术不够完善，不利于制度规范实施

随着改革试点的推进，排污许可证制度在多个管理环节上均需进一步细化规范，如排污许可证核发技术、监管要求、实际排污核定技术、企业环保责任要求、信息公开要求等，以及与转变政府职能、提高效能等改革理念相适应的第三方技术单位管理政策等，各试点地区在实践探索中对此有所尝试，但存在部分不合理、不妥当之处，需要省级层面对此进行统一规范。由于排污许可证制度改革与环境影响评价审批、"三同时"验收、总量控制、排污申报、排污权交易等制度紧密相

关，对于这些管理制度中部分原有规定也需根据改革需求进一步修订。

此外，排污许可制度实施的技术支撑体系尚不健全，尤其在企业实际排污量核定方面，目前尚缺少规范统一的实际排放量的确定方法，导致一些企业并行多套排放量的统计体系，存在数据混淆和检测结果缺乏权威性的问题。以物料衡算的方式仅能对部分污染物进行准确计量，并且测算十分复杂，应用范围狭隘；以产排污系数法或排放绩效方法核算排放量，对参数要求较高，目前尚没有完备的参数体系；若对企业开展监督性监测，则需要大量的人力物力，目前的覆盖面难以满足排污许可证的管理需求；而在线监测的方式由于并没有具备法律效力的规范，尚存在较大争议。虽然浙江省在线监测系统建设已走在全国前列，但设施的运行稳定率、数据联网率等与监管需求相比依然十分不足；而完全使用在线监测数据作为实际排放量核定依据尚缺乏法律依据，也尚未在环保领域取得共识，这将成为浙江省乃至全国推行精细化管理的较大障碍。

（4）改革认识有待深化，地区推进水平不一

在当前全面深化改革的大背景下，环境管理领域的排污许可证制度、环评审批、执法监管等多项改革事项齐头并进，尤其需要统一思想、突出主线、无缝衔接、有机整合。但是，目前仍有部分试点地区对于排污许可证制度"一证式"改革的认识不够到位，没有将排污许可证制度的核心地位突出，而将各项改革机械整合，使得排污许可证制度改革负载过多却实效欠缺。在效能提升方面，部分地区仅机械地压缩审批时间，而忽视了制度间的有机整合效力。此外，由于排污许可证制度改革必然涉及部分法律法规条文的突破，部分地区大胆探索、部分地区桎梏不前，造成在各个试点实际推进中存在较大差距。

8.1.5　对下一步工作的建议

总体而言，浙江省排污许可证制度改革的路径设计符合国家生态文明体制改革总体要求，顺应当前国家"转变政府职能、简政放权、放管结合、提高效能"的改革趋势，改革目标定位清晰合理、推进步骤稳妥有力。经过 8 个试点地区的实践检验，"一证式"排污许可证制度改革可以有机整合环境管理各项制度，有效简化当前环保审批流程，综合体现环境管理各项要求；可以推动环境信息集成统一，促进环境管理的精细化，便于环境执法监管开展；可以进一步落实企业环境保护主体责任，推动环境信息公开化、环保技术服务专业化，能够更好地满足基层环保高效监管的实际需要，也是优化环境管理、促进环境质量改善的社会民心

所向。目前改革工作制度整合的阶段性目标也已初步完成，并形成了多项可复制、可推广的实践经验，如以排污许可证为核心，有机整合其他各项环境管理制度，丰富排污许可证内容，形成了覆盖企业建设、生产、关闭等生命周期全过程管理的固定点源环境管理制度框架；实施企业负责人承诺制和企业自我监测、自我报告等制度，有效强化企业治污主体责任意识；实施"一企一证一卡"的管理方式，创新刷卡排污等现代化监管制度，有效提升监管水平。但是，由于试点实践时间尚短，目前各试点地区的证照发放还处于起步阶段，新证发放率不高、后续改革任务尚未跟进，证后监管案例不多，对于全面建立系统完善、权责清晰、监管有效的污染源管理新格局的探索还需在今后的工作中继续推进。且对于欠发达地方而言，在线监测覆盖率不足，对固定源的管理还停留在较为原始的手动监测、现场勘查的阶段，部分管理人员尚缺乏精细化管理理念，短期内将较难复制浙江的精细化管理经验。对于下一步改革工作的继续推进，建议如下：

（1）浙江省改革下一步方向建议

强化法制支撑保障。建议浙江省充分吸收改革成功经验和做法，将其上升为地方法规和制度，将《浙江省排污许可证管理条例》纳入立法计划，加快制定进程，细化明确排污许可定位、管理权限、申请核发、监督管理、排污权交易、信息公开、法律责任等管理细节，为浙江省排污许可证制度改革提供规范性指导和法律依据。

加强配套政策技术研究。下一步工作重点，建议浙江省进一步研究主要污染物许可总量分配、实际排污量核定、排污许可证监管方式等技术方法。在有条件的地区率先探索基于环境质量的主要污染物总量控制制度，分析环境质量较好与较差区域的总量指标分配技术方法；根据浙江省实际排放情况，选择火电、印染、医药化工等重点行业，分行业制定排污量核定规范，结合环境质量，制定排放绩效值；制定完善排污许可证核发、排污核定、监管、企业环境主体责任、排污信息公开等方面的政策文件，推进排污许可证与排放标准、区域环境功能和质量更好地衔接起来，推进排污许可证改革更加规范、有效发展。

加快信息平台整合进度。进一步加快浙江全省统一的污染源管理信息平台建设进度，避免各地重复开发引起的资源浪费。以排污许可证制度管理要求为主要依据，逐步整合现有环评审批、在线监测、排污收费、执法监管等各项环境管理平台，加大在线监测等基础设施建设，对重点企业全面推广刷卡排污，同时将更多企业纳入平台监管范围，全面推进环境管理大数据建设，进一步提升环保精细化管理水平。

加大改革宣传教育力度。在全社会加大排污许可证制度的宣传力度，使"持证排污、按证排污"的守法思想深入人心。开展对企业负责人环保责任的教育，定期举办企业环保负责人、环保员的相关培训，促进提升企业环境保护的自我管理能力。

（2）对国家排污许可制度建设的建议

建议加快全国排污许可制度立法进程。党的十八大以来，中央高度重视生态文明和环境保护工作，新修订出台的《环境保护法》和《大气污染防治法》都对排污许可制度做了严格的法律规定，中央出台的《关于全面深化改革若干重大问题的决定》《加快推进生态文明建设的意见》《生态文明体制改革总体方案》以及十八届五中全会通过的"十三五"规划建议都对建立和完善排污许可制度做出部署，因此，排污许可制度顶层设计已十分紧迫。为落实中央决策部署和依法行政要求，建议国家层面尽快研究出台《排污许可条例》或《排污许可证管理办法》等法律法规和配套技术规范，并按照排污许可证制度改革原则对现行环境保护单行法进行修订完善，确立排污许可证制度在环境管理中的核心地位，为建立覆盖所有固定污染源的企业"一证式"排污许可制提供有力法律保障和技术支撑。在目前国家上位法尚未出台前，建议通过全国人大和国务院法律授权，允许排污许可证制度改革试点地区暂时调整或停止适用有关法律法规规定。

建议同时注重制度改革的基本要求与差异性。建议在全国层面复制推广试点的基本经验，要求全国各地根据实际情况制定排污许可证管理的基本规范与导则；开展"一证式"管理的制度整合，简化流程，提高管理效能；大力推进企业环境主体责任的落实，探讨政府、企业、公众多方共治的管理局面；全面扶植第三方服务市场，规范第三方监测、运营与咨询评估机构的资质与水平。同时注重制度改革的差异性，充分考虑各地区的社会经济发展水平，有条件的地区，可以大力推广在线监测、刷卡排污，但在经济欠发达地区，还应当以增加常规监督性监测、扩大管理范围，规范发证行为为主要方向。在改革过程中，应当求同存异，对各地开展改革探索采取的创新政策予以鼓励及引导。

建议增强宣传教育，普及改革创新理念。排污许可制度的改革已经被中央多份文件提及，是环保部门面临的重大问题，改革理念不进则退。但从全国层面来看，一些基层管理部门对流程再造、"一证式"许可、精细化管理、企业主体责任等创新理念接受程度不高，可能成为排污许可制度未来全面实施的阻碍。国家层面上应当增强宣传教育，通过组织集中学习、培训等形式将排污许可制度改革的创新理念向地方环境管理部门宣传普及，倡导地方转变管理思路，推动中国的固定源管理向精细化方向发展。

建议正视改革风险，全面增强证后管理能力。改革必然伴随风险。目前从全国推进排污许可制度的进程来看，地方步伐明显快于中央。由于排污许可制度改革顶层设计迟迟未出台，地方在实施过程中可能存在制度衔接不到位、管理水平不足、企业意识不强的问题，从而导致证后管理不足。应当正视改革过程中存在的风险，并在改革初期允许存在一定的缺陷。国家层面上必须全面加强环保能力建设，要求所有实施排污许可制度的地区全面增强证后管理能力，将排污许可证真正"管起来"，从而规避因制度整合、简化流程带来的事中事后管理缺失。另外，还应当正视以往未纳入排污许可制度改革的企业，尤其是大量已经存在的、部分违规或从未纳入管理视野的小微企业。在实行"覆盖所有固定源"的排污许可制度时，应切实加强对这些企业的证后监督管理，充分发挥社会公众的监督作用，提倡企业自行履责，倡导环境诉讼，尽快将这些配套政策完善起来，避免出现管理缺失。

8.2　排污许可证制度立法思路建议

排污许可证制度改革是国务院生态文明体制改革的重点任务之一，也是浙江省委生态文明体制改革的第一项重大突破任务。为贯彻党的十八大、十八届三中全会和省委十三届四中全会精神，积极响应环境管理体制改革，发挥排污许可证制度的点源管理核心作用，省环保厅于 2013 年底将排污许可证制度改革确定为2014 年重大改革事项，经过理论研究等前期准备，2015 年 4 月，浙江省被列为国家层面排污许可证管理制度改革试点（环办函〔2015〕494 号），同期下发《关于开展浙江省排污许可证制度改革试点工作的通知》（浙环函〔2015〕100 号），正式启动全省 3 市 5 县的排污许可证"一证式"改革试点工作。经过一段时间的试点工作，改革已经取得了阶段性成果，初步建立了排污许可证"一证式"管理模式。然而，改革的纵深推进离不开法律刚性保障，为进一步顺利推进改革试点，全面规范和完善浙江省排污许可证管理制度体系，并为国家制定出台排污许可证管理办法和法律法规提供经验，本小节以浙江省试点为研究对象，探讨立法思路，并提出《浙江省排污许可证管理条例》草案建议稿。

8.2.1　浙江省排污许可证立法思路

（1）指导思想

全面贯彻落实党的十八大和十八届三中、四中、五中全会精神，按照党中央、国务院决策部署，落实《中华人民共和国环境保护法》《中共中央　国务院关于加快推进生态文明建设的意见》和《生态文明体制改革总体方案》要求，转变政府职能，优化行政许可，强化事中事后监管，实行排污许可"一证式"管理，形成系统完整、权责明晰、监管有效的污染源管理新格局，促进环境治理体系现代化。

（2）立法原则

以排污许可证为核心，衔接整合各项制度；以简政提质增效为目的，强化统一综合管理；以厘清各方权责为基础，实施全社会共同监管；以全省改革方案为依据，吸收地方试点实践经验；以环境质量提升为根本，推进污染源合规排放；以国家政策文件为导向，顺应环境管理发展方向。

（3）立法目标

在 2016 年制定出台《浙江省排污许可证管理条例》，为浙江省排污许可证制度改革提供法律保障，在全省建设推进制度衔接、统一公平、覆盖全面的排污许可制，促进企业技术创新和绿色发展，有效控制和减少污染排放，防范环境风险，改善环境质量。

（4）立法要点

整合排污许可证制度与环境影响评价、"三同时"制度。精简新建项目审核许可流程，将环评审批、排污许可证核发、"三同时"验收等三道行政许可简化为一道。在环境影响评价制度方面，将环评审批/备案和排污许可证核发同步；环评文件全本公示，增加环评的透明度和参与度；强化环评约束力，将环评的主要结论和重要内容纳入排污许可证，以排污许可证监管确保环评措施落地，并以此逆向激励环评提升真实性和精确性。在"三同时"制度方面，在排污许可证中登载"三同时"要求，以排污许可证监管确保"三同时"执行，由排污单位自行开展环保设施竣工验收并向环保部门备案。

有机衔接排污许可证制度与总量控制、排污权有偿使用和交易、排污申报和排污收费各项制度。将总量控制指标通过排污许可证分解落实到排污单位；以排污权有偿使用和交易作为排污许可证核发前提，将排污许可证作为排污权确权的依据；以排污许可证确认的年度实际排污量作为排污收费依据。明确刷卡排污的法律地位，将刷卡排污作为核算实际排污量的重要手段。

明确排污许可证管理内容。排污许可证（包括正本、副本、电子证照）须载明企业申请材料或环境影响评价文件的主要内容及相关环境管理要求，包括企业基本信息、主要生产工艺及环保设施、污染物排放浓度限值和排放总量、无组织排放控制、固体废弃物处理处置、自行监测及信息报告、企业环境保护责任制度、突发环境事件应急预案编制及物资装备储备等。同时，还应明确环境保护部门的有关监管要求。

落实企业主体责任。实施企业自我管制机制，执行"一企一证"管理，落实自行监测、自行报告和自行记录要求。根据企业规模、污染程度大小等，开展差别化的自行监测。实行排污许可证执行情况定期报告、重大变动信息动态报告制度，并对报告的及时性和真实性负责。明确特殊状况下（污染治理设施异常、突发环境风险等）企业主动告知环保部门和及时采取措施的义务。实施排污单位承诺制，将企业承诺作为申领排污许可证的重要依据。

强化政府监管。实施污染源分类管理，规范执法稽查，环保部门每年按照一定比例进行抽查，记录相关情况，建立管理台账。负责开展企业环保培训，加强政府在规则制定、标准更新、民主决策、提供公共服务方面的作用。实施分级管理，省级层面负责制度整体设计和主要配套政策制定并对下级市县开展监督，市县层面负责排污许可证核发和监管等具体实施工作。加强科技监管，推进污染源在线监测、刷卡排污总量控制、移动执法、视频监控等能力建设。

完善信息公开和公众参与机制。实施全过程公众监督，排污许可证的审核发放、企业承诺、文本内容、企业报告、执法处罚信息全面公开，建立畅通、多样化的公众参与渠道及信息响应机制。实施违法排污有奖举报，调动公众参与监督积极性。推动环境公益诉讼，引导公众参与环境污染侵权诉讼，保障公共环境利益。环保部门依法对举报情况进行调查处理，及时反馈调查结果。

建设第三方市场。推进环境影响评价、环境监理、污染物监测、排放量核算、报告编制等环保第三方机构建设，以第三方专业机构弥补管理力量的不足。环境保护、市场监管等部门加强对第三方机构的监督管理，对存在弄虚作假行为的，列入征信黑名单，情节严重的取消服务资格。

确立排污许可证发放范围。对排放工业废气或有毒有害大气污染物（参见《大气污染防治法》规定）的排污单位、工业废水和医疗污水的排污单位、工业噪声和工业固体废物的产生单位、污水集中处理设施的运营单位、规模化畜禽养殖场、垃圾集中处理处置单位或危险废物处理处置单位等，发放排污许可证，各地可根据实际情况适当扩大发放范围。

统一规范申领发放和证件管理工作。明确排污许可证申领和发放条件，在简化新建项目的发放流程的同时，对现有排污单位分批分类核发排污许可证，并依照尊重历史、承认事实的原则，允许现有排污单位补充编制环境影响评价文件。规范排污许可证变更、重新申领、延续、补办、撤销、注销的条件和程序。

规定法律责任。严格违法违规企业处罚，引入按日计罚、查封扣押等方式，对无证排污、伪造监测数据和信息、违反报告义务以及其他违反排污许可证行为的惩罚措施进行规定。明确吊销排污许可证的具体情形。构建企业在特殊状况下主动告知环保部门并及时采取措施的激励和免责机制。明确环境保护部门及其工作人员的法律责任，阐明排污单位申请行政复议和诉讼的权利。

建设排污许可证管理平台。省级环保部门负责建立全省统一的排污许可证管理平台，并负责平台的日常维护。以排污许可证管理平台为依托，形成统一的对政府、对企业、对公众窗口，推进数据统一、信息整合，方便企业自主申报，提升社会监督和公众参与水平。

8.2.2　浙江省排污许可证管理条例草案建议

第一章　总则

第一条　〔立法目的〕

为落实排污许可制度，加强排污单位管理，根据《中华人民共和国行政许可法》、《中华人民共和国环境保护法》、《中华人民共和国水污染防治法》、《中华人民共和国大气污染防治法》、《中华人民共和国环境噪声污染防治法》和《中华人民共和国固体废物污染环境防治法》等有关规定，结合本省实际，制定本条例。

第二条　〔排污许可〕

本条例所称排污许可证，是指环境保护行政主管部门依据排污单位的申请，经依法审核，准予其排污活动的一种行政许可文书。

本条例所称排污许可，是指包含各环境要素、多污染物在内的综合许可。

第三条　〔适用范围〕

下列排污单位应当按照本条例规定取得排污许可证：

（一）排放工业废气或者《中华人民共和国大气污染防治法》第七十八条规定名录中所列有毒有害大气污染物的企业事业单位；

（二）直接或间接向水体排放工业废水、医疗污水的企业事业单位；

（三）城镇或工业污水集中处理设施的建设或运营单位；

（四）规模化畜禽养殖场；

（五）产生工业固体废物或危险废物的企业事业单位；

（六）垃圾集中处理处置单位或危险废物处理处置单位；

（七）产生环境噪声污染的企业事业单位；

（八）其他按照法律、行政法规规定应当取得排污许可证的排污单位。

省环境保护行政主管部门制发《浙江省排污许可管理名录》。市、县级环境保护行政主管部门可制定地方排污许可补充管理名录。各级环境保护行政主管部门依照排污许可管理名录核发排污许可证。

纳入排污许可管理的污染物包括排放标准中涉及的污染物，以及排放标准未作规定但其排放可能会导致环境质量严重恶化的污染物。

第四条　〔持证排污〕

排污单位应当依法申请取得排污许可证，并按照排污许可证的要求排放污染物。禁止无排污许可证或者违反排污许可证的规定排放污染物。

第五条　〔总量控制〕

排污单位的重点污染物总量控制指标在排污许可证中以许可排放量的形式予以确定。

环境保护行政主管部门根据区域环境质量改善要求，制定重点污染物区域工业总量控制目标，区域内所有工业排污单位的许可排放量之和不得超过本区域的工业总量控制目标。

第六条　〔排污权交易〕

排污单位的重点污染物总量控制指标通过排污权有偿使用和交易的方式获得。

排污单位可以按照规定对已获得的总量控制指标进行交易。

第七条　〔事权划分〕

省环境保护行政主管部门负责排污许可证管理工作的指导监督，建设与运行统一的排污许可证管理信息平台，用于管理排污许可证的申请、审核、发放、变更、吊销等事项。

排污许可证实行分级发放和管理，各级环境保护行政主管部门负责管辖的排污单位排污许可证的核发和监督管理。

第二章 申请、受理与核发

第八条 〔申请时限〕

排污单位新建、改建、扩建项目，应当在开工建设前，向环境保护行政主管部门申请并取得排污许可证。在本条例实施之日已经开工建设的，取得排污许可证的时间可延迟到投产运营前。

现有排污单位应当在规定的时限之内，向环境保护行政主管部门申领排污许可证。环境保护行政主管部门依照排污许可管理名录，发布现有排污单位申领排污许可证的时限。

第九条 〔排污单位新建、改建、扩建项目申请程序〕

排污单位新建、改建、扩建项目，应当编制环境影响评价文件，并报环境保护行政主管部门审批或备案，同时依法申请排污许可证。排污单位新建、改建、扩建项目符合环境影响评价豁免情形的，可以豁免编制环境影响评价文件。

省环境保护行政主管部门统一规定排污单位新建、改建、扩建项目豁免环境影响评价的具体情形。

第十条 〔现有排污单位申请程序〕

现有排污单位已经通过环境影响评价文件审批或备案的，且实际运行状况与环境影响评价文件中的生产工艺和污染治理设施、措施并无重大变动的，可向环境保护行政主管部门依法申请排污许可证。

现有排污单位，不属于前款规定的，但污染治理设施、措施及环境管理符合国家和地方法律、法规要求的，应当编制或重新编制环境影响评价文件，并报环境保护行政主管部门审批或备案，同时依法申请排污许可证。

第十一条 〔申请内容〕

排污单位申请排污许可证，应当提供以下材料：

（一）排污许可证申请表；

（二）排污单位守法承诺书；

（三）有重点污染物排放总量控制任务的，需提交取得总量控制指标的证明文件；

（四）法律、法规规定的其他材料。

排污单位新建、改建、扩建项目还应当提供建设项目环境影响评价文件，或者提供环境影响评价豁免证明文件；现有排污单位还应当提供建设项目环境影响评价文件。

省环境保护行政主管部门统一规定排污许可证申请表、排污单位守法承诺书以及环境影响评价豁免证明文件的具体格式、形式。

第十二条　〔受理〕

环境保护行政主管部门收到排污单位的申请材料后，对申请材料完整性、规范性进行审查，按照下列情况分别作出处理意见，并出具书面凭证。

（一）不需要取得排污许可证的，应当即时做出不予受理的决定；

（二）不属于本级机关核发权限内的，应当即时做出不予受理的决定，并告知其向相应核发机关申请；

（三）申请材料不齐全或者不符合规范要求的，应当当场或在三日内一次性告知申请人需补正的全部内容，逾期不告知的，自收到申请材料之日起即为受理；

（四）属于职权范围，申请材料齐全、符合规定的，或者排污单位补正全部申请材料的，予以受理。

第十三条　〔核发条件〕

满足下列条件的，应当核发排污许可证：

（一）提交的文件符合规范性要求；

（二）符合环境功能区划的要求，排污单位所在地有规划环境影响评价的，还应当符合规划环境影响评价要求；

（三）有重点污染物排放总量控制任务的，依法取得总量控制指标；

（四）排污许可证申请表，以及依照本条例第十一条规定提交的环境影响评价文件，所列明的环境保护和污染治理方案符合国家和地方规定；

（五）符合法律、法规规定的其他要求。

第十四条　〔核发决定和时限〕

排污许可证申请受理后，环境保护行政主管部门应当组织对申请材料进行审核，提出审核意见，申请材料和审核意见都应当在信息平台公示。

申请材料应当予以至少十五日的公示，其中审核意见应当予以至少七日的公示。环境保护行政主管部门对于公示期间的公众意见，应当予以记录，并在作出核发决定前，对意见进行回复和反馈。

公示期间未收到公众意见的，环境保护行政主管部门应当在公示期结束后五日内，作出核发决定；收到公众意见的，可以适当延迟核发决定作出时间，但最迟不得超过三十日。

环境保护行政主管部门作出核发决定后，应当书面告知排污单位，对于不予排污许可的，应当同时说明理由。

第十五条　〔许可证载明事项〕

排污许可证分为正本和副本。排污许可证正本应当载明下列事项：

（一）排污单位名称、生产经营场所地址和法定代表人（或主要负责人）；

（二）重点污染物和特征污染物种类；

（三）证书编号、发证机关、发证日期以及有效期；

排污许可证副本除上述事项外，还应当载明下列事项：

（一）排污单位组织机构代码、单位住所、所属行业、生产经营场所经纬度和所属环境功能区；

（二）排污单位所在厂区的基本情况；

（三）主要生产装置、产排污环节及污染控制设施；废气无组织排放控制要求；

（四）废气有组织排放源位置，废水排放口位置、排放方式及去向；

（五）废水、废气排放浓度限值，固体废物产生量和利用处置要求，噪声控制要求；

（六）间歇性、季节性排放的特别控制要求；

（七）重点污染物许可排放量；根据国家和地方重点污染物总量控制要求规定的削减总量和时限；

（八）排污权有偿使用和交易情况；

（九）环境风险防范要求；

（十）自行监测、台账记录、执行报告要求；

（十一）信息公开要求；

（十二）建设期"三同时"和环境保护要求；自行开展环境保护设施竣工验收要求；

（十三）关闭期场地恢复要求；

（十四）地方环境保护行政主管部门根据地方环境保护实际情况规定的其他要求；

（十五）法律责任，包括企业应当承担的法律义务、处罚措施及享有的权利；

（十六）法律法规要求应当载明的其他事项。

排污许可证副本载明事项的具体内容可以在排污许可证管理信息平台上进行说明。

排污许可证有效期最长不超过五年。排污许可证的正本和副本格式以省环境保护行政主管部门发布的为准。

第十六条　〔到期延续〕

排污许可证有效期满需要延续的，排污单位应当于期满前九十日内向原核发许可证的环境保护行政主管部门申请延续。申请延续时应当提交以下申请材料：

（一）排污许可证申请表；

（二）排污单位守法承诺书；

（三）法律、法规规定的其他材料。

环境保护行政主管部门应当在收到申请材料二十日内完成审核，符合本条例规定的，同意延续并换发排污许可证；不符合条件的，书面通知排污单位并说明理由。

第十七条　〔重新申领〕

排污单位的性质、规模、地点、采用的生产工艺、防治污染和防止生态破坏的措施、污染物排放方式发生重大变化的，应当在变化发生之前编制环境影响评价文件，并向原核发许可证的环境保护行政主管部门重新申领和取得排污可证。

排污单位重新申领排污许可证的程序、内容、条件、时限参照排污单位新建、改建、扩建项目申领排污许可证的相关规定。

第十八条　〔变更〕

因排污单位的变化造成排污许可证的载明事项不再适用，且依照本条例规定不需要重新申领排污许可证的，排污单位应当在发生变化前二十日内提出变更申请，同时提交排污许可证变更申请表。

环境保护行政主管部门应当在收到排污许可证变更申请表二十日内完成审核，符合本条例规定的，同意变更并换发排污许可证；不符合条件的，书面通知排污单位并说明理由。

省环境保护行政主管部门规定排污许可证变更申请表的具体格式。

因污染物排放标准调整或者重点污染物许可排放量的重新分配，造成排污许可证载明的排放限值或许可排放量不再适用的，环境保护行政主管部门应当书面告知排污单位，要求排污单位限期对排污许可证进行变更或重新申领排污许可证。

第十九条　〔撤销〕

有下列情形之一的，原核发许可证的环境保护行政主管部门或者其上级环境保护行政主管部门，可以撤销排污许可：

（一）超越权限范围核发的排污许可证；

（二）不符合本条例核发条件的排污许可证；

（三）违反程序核发的排污许可证；

（四）环境保护行政行政主管部门工作人员滥用职权、玩忽职守核发的排污许可证；

（五）依法应当撤销排污许可证的其他情形。

排污单位申请材料不实，或以欺骗、贿赂等不正当手段取得的排污许可证，一经查实，应当予以撤销。

第二十条　〔注销〕

有下列情形之一的，原核发许可证的环境保护行政主管部门应当依法办理排污许可证的注销程序：

（一）排污许可证有效期届满，未延续的；

（二）排污单位依法终止的；

（三）排污许可证依法被撤销、吊销的；

（四）法律、法规、规章规定的应当注销的其他情形。

第二十一条　〔权限转移与告知〕

原核发许可证的环境保护行政主管部门不再具有排污许可证的延续、变更、重新申领、撤销、注销等手续的办理权限时，由相应具有管理权限的环境保护行政主管部门负责办理。排污单位向原核发许可证的环境保护行政主管部门申请排污许可证延续、变更或者重新申领排污许可证时，原核发排污许可证的环境保护行政主管部门应当告知排污单位向相应管理机关申请办理。

第三章　监督与管理

第二十二条　〔自行监测、记录与报告〕

排污单位应当依法建立自行监测制度、环境管理台账制度和执行报告制度，按照排污许可证载明的要求，自行或委托第三方机构开展污染物监测，对污染治理设施运行和污染物排放情况进行记录，编制排污许可证执行报告并提交环境保护行政主管部门。

排污许可证执行报告包括常规执行报告和年度执行报告，报告格式由省环境保护行政主管部门统一规定。

第二十三条　〔建设期管理〕

排污单位新建、改建、扩建项目应当按照排污许可证的要求，开展建设期环境管理和污染防治。

排污单位新建、改建、扩建项目应当在投入试生产或正式生产时，向环境保护行政主管部门进行试生产或正式生产报备，试生产还需同时说明试生产所需时间，试生产最长不得超过一年。

排污单位新建、改建、扩建项目应当在正式生产前，自行或委托第三方机构开展环境保护设施竣工验收，编制验收报告并提交环境保护行政主管部门。

环境保护设施竣工验收报告格式由省环境保护行政主管部门统一规定。

第二十四条　〔特殊情况报告〕

排污单位的防治污染设施和在线自动监控设施、刷卡排污总量自动控制系统发生故障不能正常运行或者使用的，应当在发生故障后十二小时内报告环境保护行政主管部门，并及时检修，检修期间应当采取停产、限产、人工监测等措施，确保污染物排放达到排污许可证要求。

第二十五条　〔信息公开〕

排污单位的排污许可证申请材料、守法承诺书、排污许可证全本、生产报备和试生产报备、环境保护设施竣工验收报告、排污许可证执行报告，以及其他依法应当公开的环境信息，都在排污许可证管理信息平台上进行公开。但涉及商业秘密的部分，依排污单位的申请并经环境保护行政主管部门同意后，可以不予公开。

第二十六条　〔社会监督〕

鼓励社会公众、新闻媒体等对排污单位进行监督。

公民、法人和其他组织发现违反本条例规定行为的，有权向环境保护行政主管部门举报。接受举报的环境保护行政主管部门应当依法调查处理，并按有关规定对调查结果予以反馈或公开。

第二十七条　〔检查和稽查〕

环境保护行政主管部门应当制定计划，开展排污许可证日常检查和排污许可证报告稽查。

排污许可证日常检查是指环境保护行政主管部门以排污许可证载明事项为依据，对排污单位开展的监督性检查。

排污许可证报告稽查是指环境保护行政主管部门在排污单位提交排污许可证执行报告和环境保护设施竣工验收报告后，对报告的合规性和真实性进行的随机抽查。

环境保护行政主管部门应当做好排污许可证日常检查和排污许可证报告稽查记录，录入排污许可证管理信息平台并进行公开。

环境保护行政主管部门可以委托第三方机构开展排污许可证日常检查和排污许可证报告稽查。

第二十八条　〔排放量核算〕

排污单位应当于每年三月三十一日前，核算上一年度的污染物实际排放量，记入管理台账，并在排污许可证年度执行报告中进行说明。

实际排放量的核算应当以通过有效性审核的在线自动监控（监测）数据为依据。具备刷卡排污总量自动控制系统的，应当利用刷卡排污总量自动控制系统核算污染物实际排放量。鼓励各地推广刷卡排污总量自动控制系统。对不具备污染源在线自动监控设施安装条件的排污单位可以通过监督性监测、物料衡算等方式核算污染物排放量。

环境保护行政主管部门有权利在排污许可证报告稽查中对排污单位核算结果进行复核，并要求排污单位出具核算所需相关凭证。

排污单位根据核算出的年度污染物实际排放量，缴纳排污费。环境保护行政主管部门进行复核的，以复核结果为准。

第四章　法律责任

第二十九条　〔无证处罚〕

排污单位应当取得而未取得排污许可证排放污染物的，由环境保护行政主管部门责令立即停止排污，并以违法行为造成的直接损失或者排污单位违法所得为依据处以罚款。拒不停止排放污染物的，环境保护行政主管部门可以自责令停止排污之日的次日起，按照原处罚数额按日连续处罚。情节严重的，将案件移送公安机关，对其直接负责的主管人员和其他直接责任人员，处五日以上十五日以下拘留。

持伪造、过期、失效的排污许可证或排污许可证已被撤销、吊销、注销后排放污染物的，按照前款规定处罚。

第三十条　〔违反竣工报告义务的处罚〕

排污单位新建、改建、扩建项目违反排污许可证要求，未提交环境保护设施竣工验收报告即投入正式生产的，由环境保护行政主管部门责令限期提交验收报告，并处以十万元以下罚款。逾期拒不提交验收报告的，吊销其排污许可证。

排污单位新建、改建、扩建项目未进行试生产或正式生产报备，或者有试生产报备但试生产时间已经届满，实际处于投产运行状态的，均视为已正式生产。

排污单位新建、改建、扩建项目提交的环境保护设施竣工验收报告不规范的，视同未提交报告。

第三十一条　〔违反执行报告义务的处罚〕

排污单位违反排污许可证要求，逾期未提交排污许可证执行报告的，由环境保护行政主管部门责令其在三十日内提交执行报告，并处以十万元以下罚款。逾期拒不提交执行报告的，吊销其排污许可证。

排污单位提交的排污许可证执行报告不规范的，视同未提交报告。

第三十二条　〔未及时进行变更处罚〕

排污单位依照本条例规定，应当办理排污许可证变更手续而未办理的，由环境保护行政主管部门责令其在三十日内办理，并处以十万元以下罚款。逾期仍不办理的，吊销其排污许可证。

第三十三条　〔未重新申领处罚〕

排污单位依照本条例规定，应当重新申领并取得排污许可证而未取得的，由环境保护行政主管部门责令其立即停止排污，并参照本条例第二十九条规定进行处罚。排污单位在未重新申领并取得排污许可证前不得排污。

第三十四条　〔吊销排污许可证〕

除了本条例规定的其他吊销情形以外，排污单位有下列情形之一的，由环境保护行政主管部门依法进行处罚，并吊销排污许可证：

（一）污染物不经处理而直接排入环境；

（二）污染物未经完全处理排入环境，且超过排污许可证的排放限值三倍以上的；

（三）污染物长期持续超过排污许可证的排放限值，或多次超过排放限值三倍以上的；

（四）重点污染物年度实际排放量超过许可排放量一点五倍以上的；

（五）逾期未完成限期整改任务的；

（六）篡改、伪造或指使篡改、伪造排污许可证相关信息或监测数据的；

（七）法律、法规规定的其他情形。

排污许可证被吊销后，排污单位按要求完成整改的，可重新申领排污许可证。

恢复排污的排污单位在五年内被再次吊销排污许可证的，不得重新申领排污许可证。

第三十五条　〔不正当取得许可证处罚〕

排污单位以欺骗、贿赂等不正当手段取得排污许可证的，环境保护行政主管部门在撤销排污许可证的同时，参照本条例第二十九条规定进行处罚。排污单位在撤销排污许可证的三年内不得再次申请排污许可证。

第三十六条　〔工作人员的责任〕

环境保护行政主管部门及其工作人员违反本条例规定，不认真履行职务或谋求不当利益的，情节较轻的，由其上级行政机关或者监察机关责令改正；情节严重的，对其直接负责的主管人员和其他直接责任人员给予降级或者撤职的行政处分；构成犯罪的，依法追究刑事责任。

环境保护行政主管部门违法颁发、撤销或者吊销排污许可证，给许可证持有人的合法权益造成损害的，应当依法给予赔偿。

第三十七条　〔救济权利〕

排污单位认为环境保护行政主管部门在排污许可证的颁发和监督检查中做出的处罚决定侵犯其合法权益的，可以依法申请复议；对复议决定不服的，可以向人民法院发起诉讼，排污单位也可以直接向人民法院发起诉讼。

排污单位逾期不履行行政处罚决定的，做出行政处罚决定的机关可以申请人民法院强制执行。

第三十八条　〔减轻或免于处罚〕

排污单位的防治污染设施和在线自动监控设施、刷卡排污总量自动控制系统发生故障不能正常运行或者使用的，及时报告环境保护行政主管部门，并采取必要补救措施，可减轻或者免于处罚。

第三十九条　〔第三方机构的处罚〕

接受委托的第三方机构，在执行委托中弄虚作假，篡改、伪造排污许可证相关信息或出具虚假报告的，除依照有关法律法规规定予以处罚外，造成的环境污染和生态破坏的，还应当与造成环境污染和生态破坏的其他责任者承担连带责任。同时，由负责查处的环境保护行政主管部门将该机构和涉及弄虚作假行为的人员列入黑名单，并报上级环境保护行政主管部门，取消其相关资质，禁止其参与政府采购环境监测服务或政府委托项目。

第五章　附　则

第四十条　〔其他定义〕

本条例所称的排污单位，是指排放污染物的企业事业单位和其他生产经营者。

本条例所称现有排污单位，是指自本条例实施之日前已经建成投产并产生排污行为的排污单位。

本条例所称排污单位新建、改建、扩建项目，是指在本条例实施之日尚未开工建设，或已开工建设但尚未投产的排污单位建设项目。

本条例所称重点污染物，是指国家、本省及设区市确定的需要实施排放总量控制的污染物。

第四十一条　〔其他要求〕

国家法律法规对排污单位有其他规定和要求的应当按照相关规定执行。

第四十二条　〔实施期限的衔接〕

除排污单位按照本条例规定应当变更或者重新申领排污许可证的情形外，本条例施行前取得的排污许可证在有效期届满前继续有效，但不得延续。需要变更和延续的，按本条例规定重新申领。

第四十三条　〔许可时限计算〕

本条例规定的排污许可证的申请、受理、核发期限以工作日计算，不含法定节假日。

第四十四条　〔实施日期〕

本条例自　　年　月　日起施行。

浙江省排污许可证申领承诺书
（样式）

××环境保护厅（局）：

我单位已了解《中华人民共和国环境保护法》等相关法律法规的规定，知晓排污单位法定责任、权利和义务，将依法履行环境保护主体责任，严格落实各项环境保护措施和按照排污许可证要求排放污染物，自觉接受环境保护部门监管和社会公众监督，如有违法违规行为，将积极配合调查，并依法接受处罚，特此承诺。

单位名称：　　　　（盖章）

法定代表人（主要负责人）：　　　　（签字）

××××年××月××日

附录二

浙江省排污许可证

证书编号：

单位名称：

生产经营场所地址：

法定代表人（主要负责人）：

排放重点污染物及特征污染物种类：

有效期限：自××××年×××月×××日起至××××年×××月×××日止

发证机关：　　　　（盖章）

发证日期：××××年×××月×××日

浙江省环境保护厅印制

附录三

浙江省排污许可证

（副本）

浙江省环境保护厅印制

持证须知（封二）

　　一、本证根据《中华人民共和国环境保护法》等相关法律法规制定和发放。

　　二、持证者应当按照国家和地方有关要求承担环境保护责任和义务。

　　三、持证者必须严格按照本证规定的污染物排放种类、浓度、总量以及排放地点、方式、去向等要求排放污染物。

　　四、持证者应当配合环境保护主管部门的监督检查，如实反映情况并提供有关资料。

　　五、本证有效期届满，需要延续的，应当在有效期届满九十日前向原发证的环境保护主管部门提出延续申请。

　　六、凡污染物排放、处置的方式、时间、去向，排污口的地点和数量发生变化的，以及污染物排放种类、排放标准、许可排放总量等许可事项发生变化的，应当重新申领排污许可证。

　　七、本证其他载明事项发生变化的，应当在事项发生变化之日起二十个工作日内向环境保护主管部门提出变更申请。

　　八、本证禁止涂改、伪造、出租、出借、倒卖或以其他方式非法转让。

　　九、本证遗失、损毁的，应当在十五个工作日内向环境保护主管部门申请补领。

浙江省排污许可证
（副本）

证书编号：

单位名称：

组织机构代码：

单位住所：

所属行业：

法定代表人（主要负责人）：

生产经营场所地址：

生产经营场所经纬度：

生产经营场所所属环境功能区：

排放重点污染物及特征污染物种类：

有效期限：自××××年××月××日起至××××年××月××日止

发证机关：　　　　（盖章）

发证日期：××××年××月××日

一、污染排放要求

1. 排污口

编号	类型 （废水/废气）	排放去向	排放方式	排放时间
1				
2				
...				

2. 污染物排放浓度

排污口 编号	重点污染物 名称	国家或地方污染物排放标准		
		浓度限值	标准名称	标准号
1	污染物1			
	污染物2			
	...			
2	污染物1			
	污染物2			
	...			
...				

3. 污染物排放特别控制要求

排污口编号	特别控制要求
1	
2	
...	

二、排污单位重点污染物排放总量控制要求

1. 排污单位重点水污染物排放总量控制要求

重点污染物 名称		年许可排放量/吨	减排时限	减排量/吨
废水				
污染物 1	纳管量			
	排环境量			
污染物 2	纳管量			
	排环境量			
...				

注：纳管排污单位要明确年许可纳管排放量及年许可排环境量。

2. 排污单位重点大气污染物排放总量控制要求

重点污染物 名称	年许可排放量/吨	减排时限	减排量/吨
污染物 1			
污染物 2			
...			

三、固废处置利用要求

1. 一般工业固废利用处置要求

序号	固废名称	产生量基数/（吨/年）	利用处置方式

注：1. 固废名称：是指企业产生的某类工业固体废物的规范简称，原则上按环境统计报表类别填写；不属于环境统计的，可参考环评技术报告填写。2. 产生量基数：是指经环评预测该类废物在满负荷工况下的年产生量。3. 利用处置方式：包括"自行处置、委托处置、委托利用"。利用处置应当符合国家有关要求，不得造成二次污染。

2. 危险废物利用处置要求

序号	废物类别	废物代码	危险特性	产生量基数/（吨/年）	利用处置要求	
					利用处置方式	要求

注：1. 废物类别：按《国家危险废物名录》中"废物类别"一栏填写，如 HW04 农药废物、HW08 废矿物油。2. 废物代码：属危险废物的，填写该废物在《国家危险废物名录》中相应的 9 位数代码，如"275-005-02"、"261-039-13"。3. 危险特性：属危险废物的，填写该废物在《国家危险废物名录》中相应的危险特性，包括腐蚀性（C）、毒性（T）、易燃性（I）、反应性（R）、感染性（In）。4. 产生量基数：是指经环评预测该类废物在满负荷工况下的年产生量。5. 利用处置方式：包括"自行处置、委托处置、委托利用"。6. 要求：属危险废物委托利用、委托处置的，填写"应当委托有资质单位利用或处置"；属危险废物自行处置的，填写"处置项目应当经环评批准"。

四、噪声排放控制要求

序号	边界处声环境功能区类型	工业企业厂界噪声排放限值	
		昼间	夜间
1			
2			
...			

五、环境管理要求

建设期:

1. 执行"三同时"管理要求,并在投产前向环境保护主管部门进行试生产或投产报备;

2. 按照要求落实建设期环境保护措施;

3. 按照规定编制突发环境事件应急预案。

生产运营期:

1. 按照规定规范排污口设置;

2. 按照规定缴纳排污费;

3. 防治污染设施正常使用;

4. 按照规定建立污染物排放和污染治理设施运行台账;

5. 按照要求制定自行监测方案,开展自行监测;

6. 按照要求对污染源自动监测设备定期巡检,保证正常运行,保存原始记录;

7. 按照要求向环境保护主管部门报告监测数据,并编制排污许可证年度执行报告,向社会公开;

8. 按照规定修订突发环境事件应急预案,配备和维护必要的环境应急设施、装备、物资。

停产关闭期:

按照要求落实场地恢复措施。

地方环境保护主管部门规定的其他要求:

附件（此部分内容放在排污许可证管理平台）

一、生产基本情况

主要生产设备

主要产品及生产规模

项目审批或备案记录

序号	项目名称	环境影响评价批复文号/备案编号
1		
2		
...		

二、污染治理情况

废水治理设施处理能力/（吨/日）	
主要处理工艺简述	

废气治理设施处理能力/（标立方米/时）	
主要处理工艺简述	

三、生产场地和排污口分布平面示意图

四、排污权有偿使用和交易情况

1. 排污权有偿使用情况

污染物名称	排污权有偿使用情况		备注
	数量/吨	价格/（元/吨）	
污染物 1			
污染物 2			
…			

2. 排污权交易情况

污染物名称	排污权交易情况		交易时间	备注
	出让数量/吨	受让数量/吨		
污染物 1				
污染物 2				
…				

五、自行监测、记录、报告

1. 自行监测方案制定要求

序号	监测位置	污染物	监测频率	监测方法
1				
2				
…				

2. 监测数据报告要求

序号	监测项目	报告内容	报告提交频率	报告提交日期
1				
2				
…				

3. 排污许可证年度执行报告内容（于每年三月三十一日前提交）

环保法律法规遵守情况
重点污染物排放浓度达标情况
重点污染物排放总量控制情况
排污权有偿使用和交易情况
主要生产设备和主要产品产量变化情况
固体废物（危险废物）产生和利用处置情况
日常环境监察、监测等情况
其他环境管理要求遵守情况

六、建设期环境保护措施

保护对象	保护措施
地表水	
……	

七、场地恢复措施

恢复项目	具体内容
土壤	
景观	
…	